知識・経験ゼロから
年商500万円！

おうち Webデザイナーのすすめ

セールスデザイン講座 代表講師
上野 健二

はじめに

在宅ワークで成功したいなら、おうちWebデザイナーがいい

この本は、

- 家事や育児などで家にいなくてはいけないが、少額でも収入を得たい主婦の方
- 空いた時間を使い、在宅ワークで毎月10~20万円を稼ぎたい方
- さらに在宅ワークで50万円、80万円、100万円と、今よりも収入を増やしたい方

そのような方が絶対に知っておかないといけない、稼げる**おうちWebデザイナー**になるための知識を詰め込みました。「おうちWebデザイナー」とは文字通り、在宅で仕事をするWebデザイナーのことです。

Webデザインの業界では、スキルさえあれば、誰でもいつでもどこでも仕事を受注して、収入を得ることができるようになっています。

例えば、家事・育児の合間のちょっとした空き時間や、早朝・深夜を利用して在宅で仕事ができるので、Ｗｅｂデザインの仕事を始めるハードルがとても低くなっています。

さらに、魅力的なのが仕事を始めてすぐに収入に繋げられることです。


そんな状況を後押ししているのが、デザイナーと企業を繋ぐクラウドソーシングです。クラウドソーシングは、ネットを介して不特定多数の人に仕事を委託するサービスで、わずか数分で登録でき、すぐに仕事を受注できます。

また、デザインに限らず、動画制作や編集、コピーライティング、音源制作など様々な分野でクラウドソーシングはどんどん増え続けています。


そんな便利なサービスがあるため、近年、仕事を受ける側の人がどんどん増えていき、ここである現象が起きてしまいました。

それは、仕事を受ける側の人が**多くなり過ぎた**というものです。

仕事を受ける側の人が多くなりすぎると、いわゆる安売り合戦になります。極端に言うと、「ほかよりも安く請け負うからお仕事ください」という状況があちらこちらで起こります。

これはデザインの仕事に関わらず、例えば日用品や嗜好品、飲食、生活関連サービスから金融サービスなど、似たような商品・サービスが増えると、どんな業界でも同じ現象が起こります。

そうなると、仕事の質がそれなりでも、一番安くやってくれる人に案件が集中していきます。

そして、この安売り合戦が続くと、仕事のボリュームの多さに対してもらえるお金はほんのチョッピリという、シンドイ状況に陥ります。

まさに、それは**薄利多売の時間の切り売り**です。

安価で仕入れて大量に売りまくる商品であればまだしも、デザインの仕事は私たちの時間を切り売りするので、長時間働いても収入は少し……という状況は、長期的に見ても家族との時間や健康など、大事なものを犠牲にしていくことになります。

本書で伝えたいのは、まさにこの薄利多売の壁を打ち破り、あなたが満足できる収入を得るための根幹の知識です。

勘違いしてほしくないのが、楽をして収入を得る方法や、一瞬だけ稼げればいいという方法ではありません。在宅ワークでしっかりと働いて、きちんと収入を得る正攻法です。

前々からWebデザインに興味があった人にとって大事な知識であるとともに、在宅ワークでどんな仕事を選べばいいか迷っている人にとっても参考になる内容になっています。

はじめまして

改めて、少しだけ私の自己紹介をさせてください。

私の名前は、上野《うえの》健二《けんじ》と言います。

セールスデザイナーとして、企業や個人事業主の集客やセールスに特化したデザインを制作しています。

また、現在ではデザイン未経験者の方にオンラインでセールスデザインを教える『セールスデザイン講座』を運営し、代表講師としてデザイナーの育成をしています。

デザイナーになる前は、懐石料理屋で料理人をしていました。仕事といっても丁稚《でっち》奉公に近い働き方でした。早朝5時頃に出勤して、帰るのは決まって23時頃。休みは月に2回、給料は茶封筒に入った7万円だけ。

一人暮らしをしていたので、家賃や光熱費などを引いたら手元には５０００円しか残らず、休みの日は家に閉じこもって、なるべく出費がないように過ごしていたのを覚えています。

でも、あまりのキツさに1年半で辞めてしまいました。

その後、飲食店や郵便局でアルバイトしたり、港の倉庫でワインを運んだりする肉体労働を転々とする中、偶然ハローワークで見かけたデザイナーの求人募集の張り紙を見て、

「うわ！　何だか、カッコイイ響きの仕事だなぁ」

と薄っぺらい憧れから、デザイナーになることを決心しました。

翌月から、今までの貯金をすべて使い切り、illustrator《イラストレーター》やPhotoshop《フォトショップ》などのグラフィックソフトの使い方を教えてくれる駅前のパソコン教室に半年間通いました。

パソコンの操作は、中学2年の技術の授業以来だったため、キーボードに触ることも苦痛でした。しかし、「これで無理なら、人生終わりだ！」と何度も自分に言い聞かせ、な

んとか苦手を克服し、幸運にもデザイン会社にアルバイトで入ることができました。
「いつか一人前になったら、独立して自由に働きたい」とフツフツとした願望を持ち続け、死に物狂いで働きまくった結果、1年後に正社員にしてもらい、そこからさらに10年経ち、念願のフリーランスとして独立を果たし、今に至ります。

独立後は、人脈やコネがまったくナシ、営業経験もゼロ、さらに人と話したりするのも苦手という厳しい状況から、**年商1000万円、2000万円、3000万円を達成する**セールスデザイナーとして活動してきました。

このように、私の人生を切り開き、大きな収入をもたらした唯一の武器である「セールスデザインをもっと多くの人に習得してもらいたい」という想いのもと、『セールスデザイン講座』を立ち上げ、運営するに至ります。

この本の後半でこの講座を紹介いたしますが、期間はわずか8週間ながら、卒業生はWebデザイナーとして立派に独立し、中には**月収30万円、50万円、さらには100万円超**

えと収入を大きく増やして、法人会社を設立した人もいます。
しかも、過半数の人がデザイン未経験で、illustratorやPhotoshopを触ったことがない人です。

セールスデザイナーって何？

ところで冒頭の自己紹介で、「セールスデザイナー」と書きましたが、大半の方はまず「セールスデザイナーって何？」と反応します。

Ｗｅｂデザイナーやグラフィックデザイナーは想像できますが、セールスデザイナーと聞いても、いまいちピンと来ない方がほとんどです。

セールスデザイナーを簡単にご説明すると、「集客・セールスに特化したデザイナー」です。もうちょっと尖らせた言い方をすると、「**ビジネスの売上アップに特化したデザイナー**」です。

これまで、いろんな人に説明してきましたが、分かりやすいほど二極化した反応を示します。

仕事を受ける側、例えばデザイナーなどの業界の人は「そうなんですか（興味ないです……）」のような雰囲気になります。

反対にデザインを発注する側の人、つまりお客様に説明すると、「え、何ですか、それは？どんなデザインですか！」という反応に分かれます。

このギャップが何を物語っているかというと、**単価の高い仕事が発生する可能性が高い**ということです。

●単価が安いと薄利多売、単価が高いと少ない仕事でも高収入

もし、あなたがこれから在宅ワークを始めるのであれば、「**単価があなたが得られるすべての収入を決める**」と言っても過言ではありません。

単価が高いと、働く量が少なくても大きな収入となります。

単価が高くて、たくさん働くと、さらに大きな収入になります。

在宅ワークで満足できる収入を安定して得るには、単価をどれだけ高くできるかが大事です。

単価が安いと、いくら頑張っても個人の時間には限りがあるので、収入が増えることはありません。1週間かけて1万円の案件をこなすのと、1週間かけて10万円の案件をこなすのとでは差は明らかです。

しかし、はじめにご紹介したクラウドソーシングで仕事を探している人の多くが「仕事をもらうには、安売りするしかない」と思い込んでいるため、働く時間の割に収入が少ないというジレンマから抜け出せなくなってしまいがちです。

これから、おうちWebデザイナーとして仕事を始めるなら、**単価を上げるための大事なルールや方法を知らないといけません**。

これを知らないと、いつまで経っても低単価になり、収入が増えることはないのです。

この本の内容

この本は、次のような内容になっています。

人脈もコネもない私がフリーランスとして独立し、大きな収入を得ていくことができたルールや方法をリアルな体験談を元にすべてお伝えします。

第1章　リスクが少なく、リターンが大きいWebデザイナーの仕事
第2章　おうちWebデザイナー成功の心得
第3章　単価の重要性
第4章　コアターゲットを明確にし、見つける
第5章　コアターゲットに営業する
第6章　営業力を底上げする
第7章　料金表・スケジュール
第8章　仕事の流れ・実績の作り方・クライアントの基準
第9章　もっと大きく稼ぐために
第10章　実例紹介「私たち、Webデザイナーに転身して人生が好転しました！」
第11章　さらに幸せになるために

なお、これらのルールや方法は、私だけではなく『セールスデザイン講座』で学んだ多くの人たちが実践して、結果を出してきた経験則でもあります。

あなたがデザイン未経験でも関係ありません。家事・育児をしながら、子供のお昼寝の時間や深夜・早朝に在宅ワークで収入を作りたいというシンプルな願望があれば十分です。

「**在宅ワークで収入の柱を絶対作る！**」という強い熱意を込めて、ぜひ熟読してください。

この本を読み終える頃には、おうちＷｅｂデザイナーとして、しっかり収入を得る道筋が明らかになるでしょう。

２０２４年吉日
上野 健二

目次

はじめに……2

第1章 リスクが少なく、リターンが大きいWebデザイナーの仕事

どんな方でもWebデザインで大きく稼げる可能性がある……26
Webデザイナーの仕事は実は地味?……28

第2章 おうちWebデザイナー成功の心得

必見! おうちWebデザイナーが陥る6つの間違い……36
【やってはいけないこと①】低単価の仕事しか受けていない……37
【やってはいけないこと②】時間をかけ過ぎる……41

【やってはいけないこと③】過剰なサービスをタダでやる……43
【やってはいけないこと④】いろんなスキルを身に付ける……46
【やってはいけないこと⑤】常に新しいお客様を探している……49
【やってはいけないこと⑥】苦手分野の仕事を自分でやってしまう……51

第3章　単価の重要性

ランディングページ制作を主力のスキルにする3つの理由……56
【主力スキルにする理由①】単価がそこそこ高い……59
【主力スキルにする理由②】素早く納品できる……61
【主力スキルにする理由③】何度もリピートしてもらえる……63
ランディングページ制作の相場はズバリこれ！……64
単価と受ける案件の数で月収が決まる……66
高単価のランディングページを制作するには……67

第4章　コアターゲットを明確にし、見つける

大きく稼ぐための3つのステップ …… 70
大きく稼ぐためのステップ1　コアターゲットを明確にする …… 70
【コアターゲットの特徴①】セールスコピーを書いている …… 71
【コアターゲットの特徴②】クライアントをたくさん抱えている …… 73
【コアターゲットの特徴③】商品ラインナップを複数展開している …… 74
コアターゲットとなる5つのタイプ …… 75
【コアターゲットのタイプ①】起業・経営者塾の主催者 …… 76
【コアターゲットのタイプ②】Webマーケティングコンサルタント …… 78
【コアターゲットのタイプ③】セールスコピーライター …… 79
【コアターゲットのタイプ④】Web広告代理店 …… 81
【コアターゲットのタイプ⑤】商品ラインナップを多数展開するECサイト経営者 …… 82
おうちWebデザイナーにコアターゲットが求めるもの …… 84
自分でセールスコピーを書く、経営者がコアターゲットとなるもう1つの意味 …… 87

大きく稼ぐためのステップ2 コアターゲットを見つける……89

第5章 コアターゲットに営業する

大きく稼ぐためのステップ3 コアターゲットに営業する……94
コアターゲットにアプローチするための2つの方法……94
【アプローチの方法①】ポートフォリオを作成する……96
【アプローチの方法②】ポートフォリオをコアターゲットに見せる……97
案件獲得を決めるポートフォリオの質……105
成約率を記録する2つのメリット……109
【数字を記録するメリット①】何をしたら、どんな結果が得られるかが予想できる……111
【数字を記録するメリット②】ボトルネックとなる数字を改善できる……111
営業に動く際の注意点……112

第6章　営業力を底上げする

見込み客が商品・サービスを購入する流れを知ろう……116
【購入の流れ①】認知フェーズ……116
【購入の流れ②】興味関心フェーズ……117
【購入の流れ③】検討フェーズ……118
営業力を底上げする6つのテクニック……120
営業力を底上げするテクニック1　メール営業……122
営業力を底上げするテクニック2　無料提案……126
【無料で受注する条件①】すぐに手離れする案件であること……128
【無料で受注する条件②】2回目からの依頼は通常価格で受注すること……128
【無料で受注する条件③】お客様のお声、推薦のお声をコメントでもらうこと……129
無料提案に適した案件とは？……130
【無料提案に適した案件①】単体のファーストビュー制作……131
【無料提案に適した案件②】複数のファーストビュー制作（セールスコピーも考える）……133

営業力を底上げするテクニック3 初回限定特別割引……135
営業力を底上げするテクニック4 セミナー&勉強会の開催……137
セミナー&勉強会の開催の5つのメリット……139
【開催のメリット①】簡単に開催できる……140
【開催のメリット②】高単価の案件を獲得できる……141
【開催のメリット③】自分発信で売上を作れる……143
【開催のメリット④】人脈が広がる……144
【開催のメリット⑤】専門性の高いポジションを勝ち取れる……145
営業力を底上げするテクニック5 見込み客&顧客のリストを活用……146
顧客はあなたを忘れる……149
見込み客の活用法……151
見込み客と繋がる2つのテクニック……154
【見込み客と繋がるテクニック①】SNSで繋がる……154
【見込み客と繋がるテクニック②】コミュニティで繋がる……156

見込み客リストを作るとさらに強力……158
成功の鍵は「見込み度の濃い」見込み客リスト……160
見込み客リストの作成に必要な3つのもの……161
【リスト作成に必要なもの①】餌＝ポートフォリオ……162
【リスト作成に必要なもの②】釣り竿＝ランディングページ……165
【リスト作成に必要なもの③】釣り場＝コミュニティ……175
営業力を底上げするテクニック6 ジョイントベンチャー……176
ＪＶをするための3つの条件……179
【ＪＶの条件①】新規案件のみ、成功報酬として売上の何割かを支払うこと……181
【ＪＶの条件②】成功報酬は納品後にもらった金額から支払うこと……183
【ＪＶの条件③】ランディングページの原稿が用意されていること……184
営業は時間軸で選ぶ……186

第7章　料金表・スケジュール

料金表には最低価格の目安を記す……192
【料金表の注意点①】最低価格の目安を伝える……193
【料金表の注意点②】価格を固定しない……196
スケジュールも目安を伝える……197
【スケジュールの注意点①】目安の基準を設ける……198
【スケジュールの注意点②】スケジュールを固定しない……200

第8章　仕事の流れ・実績の作り方・クライアントの基準

仕事の流れと実績の作り方……204
【打ち合わせの流れ①】デザインの元となる原稿を確認する……205
【打ち合わせの流れ②】どのような市場の案件なのかを確認する……209
【打ち合わせの流れ③】どれくらいのスケジュールで対応できるかを伝える……211
【打ち合わせの流れ④】見積りは、後日に送ることを伝える……214

デザイン制作の着手から納品までの工程……217
【納品までの工程①】見積り&半金入金……219
【納品までの工程②】デザイン着手から初稿提案……221
【納品までの工程③】クライアントからのチェックとチェックバック……221
【納品までの工程④】コーディングの着手……223
【納品までの工程⑤】コーディングのチェック……224
【納品までの工程⑥】納品完了……226
Webデザイナーの実績は2つだけ……227
【クライアントに信頼してもらえる実績①】制作実績……228
【クライアントに信頼してもらえる実績②】貢献実績……229
どんなクライアントが望ましいか（クライアントの基準）……238

第9章　もっと大きく稼ぐために

値上げのタイミング……246

個人戦からチーム戦へ……250
チーム化の2つのステップ……252
【チーム化のステップ①】不得意分野のパートナーの確保……252
【チーム化のステップ②】得意分野のパートナーの確保と定着……255

第10章 実例紹介「私たち、Webデザイナーに転身して人生が好転しました！」

知識・経験ゼロからでも活躍しているWebデザイナーたち……262
Web Designer's Story①
講座卒業後、わずか2ヶ月で会社を退職し、営業未経験でWebデザイナーとして独立したシングルマザーM・Mさん……262
Web Designer's Story②
不況で仕事がなくなったのをきっかけに未経験からデザインを学び、卒業後はフリーランスとしてデビュー！ 元会社員O・Sさん……268

Web Designer's Story③
illustrator未経験からスタート。卒業後に単価1000円だったのが30万円に大幅アップ！月商95万円を達成した元ネットショップ店長Aさん……273
Web Designer's Story④
独学のデザインで自信がまったくない……と悩んでいたのがウソのよう。大人気デザイナーに変貌した主婦K・Sさん……277
Web Designer's Story⑤
大学卒業後、新卒採用を捨ててフリーランスの道を選び、法人を設立！I・Mさん……282

第11章　さらに幸せになるために

健康が一番大事！　ストレスを吹き飛ばして健康に在宅ワークをする方法……288
幸い一命を取り留めたが……289

失意のどん底に突き落とされたメニエール病……292
人生を変えるきっかけ……294
走ることで心の底からほしかった健康な体が手に入った……296
思考をポジティブにして人生を好転させる「ゆるラン」……298
なぜ、ランニングが良いのか？……303
おわりに……309

●カバーイラスト　SEIKO NAKATANI
●カバーデザイン　ランドリーグラフィックス
●制作協力　米津 香保里（株式会社スターダイバー）
児島 慎一（株式会社オープンマインド）

第 1 章

リスクが少なく、リターンが大きいWebデザイナーの仕事

どんな方でもWebデザインで大きく稼げる可能性がある

「在宅で家事や子育てをしながら、空いた時間を活用して収入を得たい」

そう思って、Webデザインを独学で学んだり、スクールに通ってみたものの、次のように感じているのであれば、この本をじっくりと読み進めてください。

- **何年も低単価の仕事しかできず、まったく稼ぎにならない**
- **しっかりとしたキャリアがないので、いつまでもデザインに自信が持てない**
- **自信がないから制作スピードが遅く、低収入に拍車がかかる**

今、在宅ワークでWebデザインが非常に人気があるのをご存知でしょうか？

ひと昔前までは、それほど注目されていませんでしたが、今は逆で、特に子育て世代の主婦の方に人気がある仕事となっています。

人気の理由の1つめが、家事や子育てをしながら、家から一歩も出ることなく仕事ができること、2つめが安定した収入を得ることができるからです。

さらに、仕事を始める上で必要なものはも、パソコンとグラフィックソフトだけ。パソコンがあれば、月々数千円のグラフィックソフトの利用料だけで済みます。

あまりコストがかからず、いつでも始められるため、リスクが少ないのも魅力の1つです。

例えば、新しくお店をオープンする場合、不動産や内装、備品など揃えると、500〜1000万円ほど初期費用がかかります。それらと比較すると非常にハードルが低いです。

Webデザインは、稼げる額も月に数万円〜数十万円、時には100万円を超えることもあります。もちろん、それを実現するには、当然ながらWebデザインのスキルが必須ですが、そのスキルをわずか数週間で習得し、仕事を始めることもできます。

昔は、どんな仕事でも一人前になるには最低でも3年は修行しないといけないと言われていました。それだけ修行しないと一人前になれない仕事もありますが、Webデザインは違います。

実際に私が代表講師を務める『セールスデザイン講座』では、まったくの未経験から8

週間でＷｅｂデザインを習得し、その後すぐにプロとして活躍して、毎月30万円、50万円、１００万円を稼ぎ続ける人が何人もいます。

ですから、デザインの経験がなくても問題ありません。どんな方でも在宅ワークで大きく稼げる可能性があるのが、Ｗｅｂデザインなのです。

Ｗｅｂデザイナーの仕事は実は地味？

『セールスデザイン講座』で、たくさんのおうちＷｅｂデザイナーを育ててきましたが、卒業生が実際にどのように仕事をして、日々のライフワークを送っているかを具体的にお話しましょう。

Ｗｅｂデザイナーと聞くと、華やかな仕事をイメージする人が多いかもしれません。例えば、オシャレなインテリアに囲まれて、クライアントにカッコよくプレゼンしたり、流行っているカフェで優雅に仕事したり……。

このようにイメージする人もいるかもしれません。私もまさにそうでした。

Ｗｅｂデザイナーの実状を知ると、地味過ぎて少しガッカリするかもしれませんが、少しでも参考になればと思い、ご紹介したいと思います。

おうちＷｅｂデザイナーの日常は、実際には、こんな感じです。


まだ夜も明けていない薄暗い早朝、家族の誰よりも早く起きて、眠たい目を擦《こす》りながらパソコンを起動し、熱いコーヒーを啜《すす》りながら、デザインを発注いただいたお客様からのメッセージに目を通します。

そこからお客様からの修正依頼の作業や、昨夜遅くまで作ってたデザインの制作の続きを黙々とこなします。


しばらく没頭していると、家族が目を覚まします。

朝ごはんの支度《したく》や、学校や保育園の準備に追われ、仕事どころではなくなりますが、頭の中は途中で切り上げた仕事のことで一杯です。

子供がまだ赤ちゃんの場合は、寝かしつけに全力を注ぎ、寝ている間に仕事に没頭するという落ち着かない状況が続きます。

子供が学校や保育園に行くと、シーンとした静かな部屋でキーボードのカタカタ音や、マウスのカチカチ音だけが小さく響く状態が何時間も続きます。

「お腹が空いたなぁ……」と時計を見ると、とっくにお昼ご飯の時間が過ぎています。慌てて冷蔵庫にあった納豆と、昨日の夕食の残りのご飯とお味噌汁を一瞬で流し込み、また仕事に没頭します。

「子供が帰ってくる夕方16時までに、仕事を終わらせたい……」

という焦《あせ》りから、集中力はもはや並の人間のレベルではありません。

片時も姿勢を崩さず、ずっとカタカタ、カチカチとパソコンに向かい続けます。

基本的にずっと家にいるので、他人と話すことがありません。

時々、お客様やビジネスパートナーとオンラインで打ち合わせをしますが、唯一この時だけ、他人と会話することになります。

そのため、「コミュニケーションって一体どうやるんだっけ」と考えるWebデザイナーがしばしば見受けられます。実は、私もその一人です（笑）。

そのように黙々と仕事に没頭した後、家族が帰ってくると、また大忙しの時間が始まります。夕食の準備、お風呂、寝かしつけ。その間もずっと仕事のことが頭から離れません。家事が一通り終わった後は、また仕事の再開です。納期に間に合わなければ、深夜まで仕事をすることもあります。

（仕事の場数《ばかず》をこなすと、スケジュールの調整がだんだん上手くなっていきます。無理なスケジュールで仕事することは減っていきますので、ご安心ください）

基本的に、夜は「**もう、さすがに眠いわ……。明日、早く起きて続きやろう**」という状態で眠りにつきます。そして次の朝が始まります。

これの繰り返しが、おうちWebデザイナーの日常です。

会社員なら土日・祝日は休みですが、おうちWebデザイナーには、決まった休みの日は特になく、案件を抱えていればずっと仕事です。仕事と仕事の合間に時間ができれば、それが自分の自由時間となります。

また、おうちWebデザイナーは、基本的にパソコンがあれば、どこでも仕事ができます。

そのため、しっかり稼いだご褒美《ほうび》として旅行に出かけても、旅先で仕事をすることもあります。

個人的には、旅行中ぐらいは仕事から離れたいと願っていますが、案件を抱えていると、そうも言っておられず、家族が遊んでいる間にホテルの部屋でカタカタと没頭することもあります。

実際に『セールスデザイン講座』の卒業生の中には、旅行をしながら仕事をするスタイルを楽しんでいる人が何人もいます。


ここまで書くと、「これは仕事のやり過ぎじゃないか……」と、引いてしまう人もいるかもしれませんが、だからこそ、労働の対価が大きく、しっかり稼げるということでもあります。

楽をして稼ぐのではなく、しっかり働いて稼ぐ仕事です。

おうちWebデザイナーは、「在宅でも全力で仕事をしたい」「会社勤めしていた時よりも大きく稼ぎたい」という想いがある人には、大きな可能性を秘めています。

また、スキル系の仕事なので、場数をこなし、年数を重ねるごとに自分のスキルや経験値がどんどんレベルアップしていきます。**そうなると、より大きな案件やビックリするぐ**

らい単価の高い仕事にも出会うようになります。

会社員をしていた頃は、何年勤めても給料が上がらなかったのに、おうちＷｅｂデザイナーになってからは、年収が１００万円以上も増えたケースはよくある話です。

ただし、おうちＷｅｂデザイナーで大きく稼いでしっかりと生計を立てるためには、**Ｗｅｂデザインのスキルに加えて、正しく稼ぐためのルールや方法**も知っておかないといけません。

これを知らずに、ただ闇雲《やみくも》に働く時間を増やしても、大きく稼ぐどころか、まったく稼ぐことができない状態になりかねません。

残念なことに、頑張っておうちＷｅｂデザイナーをしているのに、正しく稼ぐための知識を知らないため、報酬《ほうしゅう》を取りこぼしている人が多くいます。

次の第2章では、おうちＷｅｂデザイナーがやりがちな6つの間違いについてお伝えします。

第 2 章

おうち Web デザイナー 成功の心得

必見！　おうちWebデザイナーが陥る6つの間違い

在宅ワークをしている方から、こんな悩みをよく聞きます。

「仕事の量がどんどん増えるけど、稼ぎがまったく増えない……」
「もう家族との時間を犠牲にしたくない……」
「頑張っても報われない……」

おうちWebデザイナーとして仕事をしていく中で、正しい知識を持たずにいることは非常にリスキーです。これから先、スキルを習得しても、残念ながら「宝のもち腐れ」になると言わざるを得ません。

誤った知識や無知のままで突進すると、時間と労力を犠牲にしても、得られるものは、ほんのわずかになってしまいます。

第2章では、次のような「おうちWebデザイナーがやってはいけないこと」が何なのかを明らかにしていきます。

①低単価の仕事しか受けていない
②時間をかけ過ぎる
③過剰なサービスをタダでやる
④いろんなスキルを身に付ける
⑤常に新しいお客様を探している
⑥苦手分野の仕事を自分でやってしまう

これらを知ることで、これからスキルを習得して、おうちＷｅｂデザイナーを目指す人はもちろん、現在、在宅ワークをしている人も失敗のリスクを回避することができます。

【やってはいけないこと①】低単価の仕事しか受けていない

最もやってしまいがちなのは、低単価で仕事を受け続けていること、もしくは低単価のサービスしか提供できない状況でいることです。

この問題こそが**多くの人が頑張っても報われない最も大きな原因の1つ**です。

Webデザイナーは労働力を提供して、その対価として報酬を得ます。そのため、いかに少ない時間で、多くの報酬を得るかが成功の秘訣と言えます。

例えば、1案件1万円の案件と、1案件10万円の仕事ではもらえる額は10倍違いますが、私たちの仕事に振り分けられる時間には限りがあります。1日3時間しか使えない人、10時間使える人など、様々です。

ですから、限られた時間の中で、どれだけ高い単価で案件を受けられる状況にするかが大事なのです。

Webデザインは仕事が多岐に渡るため、単価が安い案件と高い案件が混在します。まずは、その違いを知ることが肝心です。

1案件1000円の仕事もあれば、1案件10万円、もっと高ければ30万円、50万円、それ以上の案件もあります。

つまり、それらの中で自分はどの案件をどれだけ受注するかで収入が決定します。

Ｗｅｂデザインの案件には、大きく分けて次の３つの種類があります。

Ⓐ SNS画像、バナー制作などの小規模案件
・単価……数千円～
・かかる時間……数時間～数日

Ⓑ ランディングページ制作などの中規模案件
・単価……数万円～数十万円
・かかる時間……数日～数週間

Ⓒ ホームページ制作などの大規模案件
・単価……数万円～数百万円
・かかる時間……数ヶ月（もしくは数年）

このように小・中・大と、それぞれ単価と必要な時間に違いがあります。そして、大きく稼げない人の大半が小規模案件しかやっていないのが現実です。

先に示した通り、使える時間は限られているので、小規模案件しかできないと、どれだけ頑張っても大きく稼ぐことはかなり難しいでしょう。

ただし、「小規模案件をすべて受けてはいけない」ということではありません。小規模案件を受けるのであれば、その後、中規模案件に繋がるように仕事を受けることが重要です。

小規模案件は、いわば中規模案件を受けるためのお試し仕事という立ち位置になります。あなたが小規模案件を納品し、お客様から「この人ならもっと大きな仕事を依頼したい」と思ってもらい、次に繋げるためのものです。

最悪なのは、中規模案件の仕事なのに、小規模案件の金額で受けてしまうことです。これもたびたび見受けられますが、どれだけ頑張っても、まったく稼げない状況になります。

【やってはいけないこと②】時間をかけ過ぎる

次にやってしまいがちなのは、**1つの案件に時間をかけ過ぎることです**。大きく稼ぎたいなら、低単価の次に致命的な問題です。

どういうことかと言うと、例えば、10万円の案件を2週間で終えた場合と、100万円の案件に1年かかった場合では、まったく稼げる額が変わります。

1案件10万円が2週間で終わるのであれば、月に最低2本は仕事を受けるキャパがあります。

しかし、1年間もかかる案件は単価自体は高いものの、納品するまでの間、ずっと無収入で働き続けなければなりません。

100万円を単純に12ヶ月で割ると、月々8万円ちょっと。2週間で終わる案件と比べ、倍以上の差が広がります。

年間で換算しても、前者は毎月2案件×10万円×12ヶ月＝240万円、後者は年1案件

×100万円＝100万円になり、これは致命的な差です。

もちろん、着手前に半金をもらえれば多少はマシですが、それでも微々《びび》たるものです。

そして、**この時間がかかり過ぎる案件の代表例がホームページ制作です**。基本的に個人で受けることをオススメしません。

会社員であれば毎月の給料がもらえるので、黙々と毎日こなしていくので問題ありませんが、個人のマンパワーで仕事を受けるとなると、時間がかかり過ぎて疲れ切ってしまい、魂が抜かれたようなＷｅｂデザイナーをこれまで何人も見てきました。


さらに最悪な状況になると、例えば、1年かけてホームページを頑張って制作したにも関わらず、その間にお客様のビジネスが傾いて連絡が取れなくなり、報酬がもらえなくなった……。

しかも、自分だけでなく、自分のビジネスパートナーにもお金を払って仕事を依頼している場合もあります。


これは、本当にヤバい事態ですが、何を隠そう、私自身がそれを経験した張本人ですから、誰よりもよく分かります。

個人で仕事を受けるリスクを少なくする上でも、大規模案件に手を出すのは控えたほうが良いと言えるでしょう。

【やってはいけないこと③】過剰なサービスをタダでやる

結論から言うと、**Webデザインをタダでやってはいけません**。

「はぁ？　当たり前じゃないですか?!」「そんな仕事、誰がやるんですか？」と思うかもしれませんが、実はこれもよくある話です。

Webデザインは、物販や飲食業のように仕入れがなく、形がない無形のサービスです。パソコンとグラフィックソフトさえあれば、時間がある限り、無限にデザインを制作することができます。

そのため、仕入れがなく、コストもさほどかからないため、「何も失っていないから、いいや」という感覚で、お金をもらってやる仕事もついついタダでやってしまうことがあります。

そして、これを続けると、タダでやるのが当たり前になる習慣が身に付きます。これだけでも相当マズいのですが、さらにはお金をもらうことも躊躇《ためら》うようになってきます。「そんなこと、絶対にしない」と思っていても、やってしまう人が少なくないので意識しておいてください。


ただ、むしろタダで仕事をしたほうが良い状況もあります。

それは、おうちWebデザイナーとして駆け出した直後の場合です。

駆け出しの頃は、兎にも角にも場数を多く踏むのが大事です。安くても良いから、少しでも多く仕事の経験値を積む必要があります。

早く大きく稼ぎたいのは重々承知ですが、そのためにはまずたくさんの経験値を積んで、実績を作ることが近道なのです。

最初から1案件30万円でスタートすることもできますが、お客様からは「この人、しっかり仕事してくれるのかな?」と疑われてしまいます。

この疑念を払拭《ふっしょく》するには、証拠が必要です。そして、その証拠となるのが実績であり、経験値です。駆け出し直後は、場数を踏むことを目的に単価を安くし、時にはタダで案件を受けることも大事な戦略です。

ちなみに、タダで受ける場合や、安く受ける場合にたった1つだけ注意すべき点があります。

それは何かと言うと、その案件の仕事自体が**簡単ですぐに終わるもの**であることです。できるだけ早く、あっさりと完了するものに限定してください。

何週間も何ヶ月もかかるのであれば、絶対にタダや安請け合いしてはいけません。早ければ数時間、どれだけ長くても数日で終わるものだけです。

ついでに言うと、タダもしくは安く依頼を受けたとして、**2度目の追加の依頼からは通常価格の金額で受けることを前提**にすることが大事です。

そのため、仮にタダもしくは安く依頼を受けるなら、お客様には「初回はお試しなので、通常価格の半額（もしくはタダ）でご依頼いただけます。2回目からは通常価格でのご依頼となります」と条件付けした上で、依頼を受けることがキモになります。

2回目以降、1回目と同じ条件でやるのはNGです。先の条件を伝えた上で2回目の依頼が来るのは、1回目のあなたの仕事に十分満足した結果、通常価格でお金を払ってでも2回目を依頼したいという意味合いです。

わざわざ、こちらから安くするのは、自分で自分の首を絞めているのと変わりません。ぜひ忘れないようにしてください。

【やってはいけないこと④】いろんなスキルを身に付ける

Webデザインの業界は、年々新しいグラフィックソフトやシステムが登場します。そして、それらは一見素晴らしい革新的な技術やシステムに見えて、あたかもそれらを使いこなすスキルを習得すると、とんでもなく凄いことができて、大きく稼ぐことに繋がるように錯覚してしまいます。

確かに、中には本当に素晴らしく、それを習得すると大きく稼げる可能性もあります。ですが多くの場合、そのスキルを習得するのに数ヶ月～年単位の時間と高額な費用がかかります。

また、仮に習得できたとして、そのスキルを使っていろんな仕事ができるとまわりにアピールするとどうなるでしょうか。

ズバリ、何でもできる「何でも屋」に見られるようになります。

個人で仕事をするならば、何でも屋に見られてしまうのは避けるべきです。

後ほど詳しくお伝えしますが、何でも屋になればなるほど、本来のお客様である「高単価で何度もリピートしてくれる人」の目には一切止まらなくなり、その他大勢のＷｅｂデザイナーの中の一人に見られてしまいます。

大きく稼げるＷｅｂデザイナーになるなら、自分の専門分野をしっかりと定義し、その上で**誰を自分のお客さんにするのか**を明確にしなければならないのです。

ちなみに何でも屋は、専門に特化している人と比較した場合、スキルのレベルが同じぐらいであったとしても、特化している人よりも信頼度がやや落ちます。

例えば、巷《ちまた》の整体院でいうとこんな感じです。

・10年間で累計12万人の腰痛・肩こり・頭痛の方の施術をした整体院
・10年間で累計12万人の腰の痛みの方の施術をした腰痛専門整体院

この2つ整体院があるとして、果たして腰痛で悩んでいる人は、どちらに足を運ぶでしょうか。

おそらく大半の方が腰痛専門の整体院に行くのではないでしょうか。

おうちWebデザイナーが限られた時間の中で大きく稼ぐためには、高単価の中規模案件に絞り、お客様に専門性をアピールしていくことが極めて重要なのです。

【やってはいけないこと⑤】常に新しいお客様を探している

結論から言うと、**リピートしてくれるお客様だけを獲得することに全力を注がなくてはいけません。**

なぜなら、Ｗｅｂデザインと言っても、実際の仕事はＷｅｂデザインを制作するだけではないからです。

Ｗｅｂデザインをする前には、必ず**お客様を探して案件を獲得する**という前提があります。このことを**営業**と言います。

Ｗｅｂデザインをするためは営業がないと、そもそも仕事に繋がりません。

この営業にかける時間と労力は、実際のＷｅｂデザインと同じぐらい、もしくはそれ以上に比重を占めることになります。

簡単に言うと、時間や労力などのキャパが１００％あるとして、50％は営業、残りの50％でＷｅｂデザインをします。

1回の仕事で終わってしまうような、リピートしないお客様であれば、毎回キャパの50％をお客様探しに使い、これからもずっと50％のキャパでしか実際の仕事ができないため、すぐに頭打ちになって稼げません。

ですが、リピートしてくれるお客様であれば、1回の仕事が終わっても2回、3回と依頼が来て、これまで使っていた営業の占める50％のキャパを使って、Ｗｅｂデザインに打ち込むことができます。

そうすると**単純に2倍の稼ぎの違い**が生まれます。

これも後で詳しくお伝えしますが、**リピートしてくれるお客様はすぐに見分けられる特徴**があり、そのお客様を獲得する方法もありますので、このままじっくり本書をご覧ください。

せっかく頑張って仕事を獲得するなら、是が非でもリピートしてくれる人を本来の自分のお客様にしなくてはいけません。毎回、新しいお客様を獲得し続けないといけないのは、リピートしてくれないお客様を選んでしまっている可能性が高いです。

【やってはいけないこと⑥】苦手分野の仕事を自分でやってしまう

Webデザインは幅広く、求められるスキルも多岐に渡ります。

Webデザイナーごとに得意な仕事もあれば、苦手な仕事もあります。ある分野の仕事はたくさん経験を積んだのでサクサクこなせるけど、別の分野の仕事は苦手で、いつまで経っても終わらずにストレスになりがちという具合です。

Webデザインの中で、得意と苦手に分かれる2つの仕事を紹介します。

1つは、デザイン制作です。

デザインとは、テキストや図形、写真などをレイアウトして形作る画像のことを指します。画面越しに、実際に目で見える画像を制作する仕事です。

もう1つは、コーディングです。

Webデザインをかじったことがある人ならご存知だと思いますが、コーディングは、制作したデザインをWebサーバーに組み込む仕事です。

アルファベットや数字の羅列を画面いっぱいに書き込み、HTML、PHPなどのコンピュータ専用のプログラミング言語を使って、デザインをWebで稼働する仕組みを作ります。


Webデザインをするのであれば、コーディングは避けては通れない仕事の1つです。

今は、コーディングを簡単に仕上げられるシステムやツールが主流になりつつあるので、どんどんハードルが低くなっていますが、私はコーディングが苦手過ぎて、いまだに拒否反応が出てしまいます。

実際にWebデザインをやりたいけど、コーディングで挫折してWebデザイナーを諦めた人も少なくありません。


どんな仕事もそうですが、苦手な仕事は時間と労力がかかります。長時間、必死になって頑張ったけど、あまり成果が少ないという構図です。

そのため、大きく稼ぐのであれば、自分の仕事は限りなく**得意分野だけに絞り続ける**ことが重要です。

それでは、苦手分野の仕事はどうすればいいのでしょうか？

その解決方法は、**自分にとっての苦手分野の業務を専門分野にしている人に依頼する**のが正解です。これを**分業**と言いますが、分業をすることでどんな苦手分野の仕事があっても最速で仕事をこなし、その結果、大きく稼ぐことができます。


例えば、自分の時間が10時間あるとします。そして、1案件のデザインだけを制作するなら3時間ででき、コーディングは苦手で7時間かかったとします。

その結果、10時間で1案件しかこなせません。


これを得意なデザイン制作だけに集中した場合、1案件のデザインを3時間で終えて、空いた残りの7時間で、さらにもう2案件のデザイン制作に集中します。

この3案件のコーディングを得意な人に依頼し、完成すると10時間で3案件こなすことができます。

つまり、**稼げる額も3倍**となります。


もちろん、両方が得意であれば、すべて自分でやっても良いのですが、時間には限りがあるので、ある程度稼げるようになったら、分業を意識してください。


「そんな都合よく、自分の苦手分野を得意にする人を見つけられるわけない」

「見つけたとして、そんなコストをかけられない」

と思う人もいるかもしれませんが、大丈夫です。

それこそWebの仕事でお馴染みのクラウドソーシングを使えば、手軽かつ安価に発注することができます。


コーディングが大の苦手の私もこのようにして苦手な分野を手伝ってもらい、Webデザインをこなしてきました。

そのほかにも、確定申告《かくていしんこく》が苦手であれば、税理士《ぜいりし》に丸ごと業務を依頼すると、さらに得意分野に集中できるようになります。


繰り返し言いますが、仕事は得意分野だけに集中することが重要です。

第3章

単価の重要性

ランディングページ制作を主力のスキルにする3つの理由

さて、第3章では、おうちWebデザイナーが毎月10万円、20万円、30万円を稼ぎ、さらに50万円、100万円へと大きく稼ぐために最も重要なスキルと、具体的に何をお客様に提供すれば良いのかについてご紹介します。

第2章の「6つの間違い」でも述べた通り、Webデザインの案件は次の3つに分かれます。

Ⓐ SNS画像、バナー制作などの小規模案件
- 単価……数千円～
- かかる時間……数時間～数日

Ⓑ ランディングページ制作などの中規模案件
- 単価……数万円～数十万円
- かかる時間……数日～数週間

Ⓒホームページ制作などの大規模案件

・単価……数万円～数百万円

・かかる時間……数ヶ月（もしくは数年）

そして、大きく稼ぐために必要なのがⒷの中規模案件をこなすためのスキルです。**特にランディングページ制作の案件を、毎月どれだけの数をこなせるかが大事です。**

ランディングページ制作を主力のスキルにする理由は、次の3つです。

①単価がそこそこ高い

②素早く納品できる

③リピートされる

ここで少しランディングページについて解説します。

■ランディングページの例
（「セールスデザイン講座」の受講生が作成）

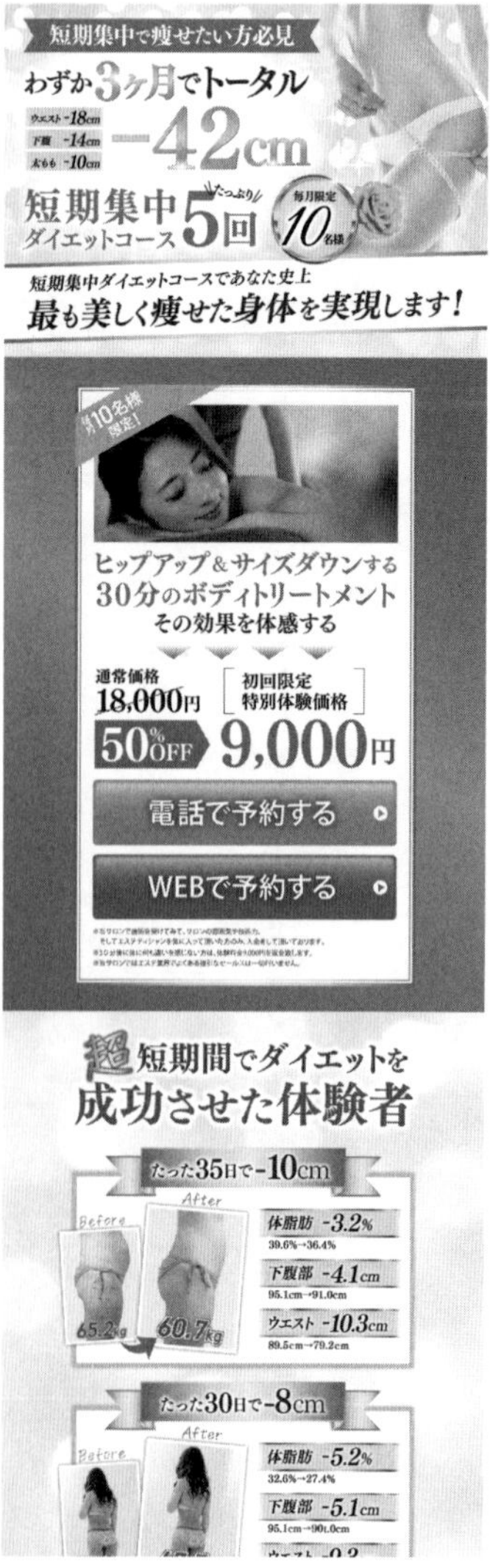

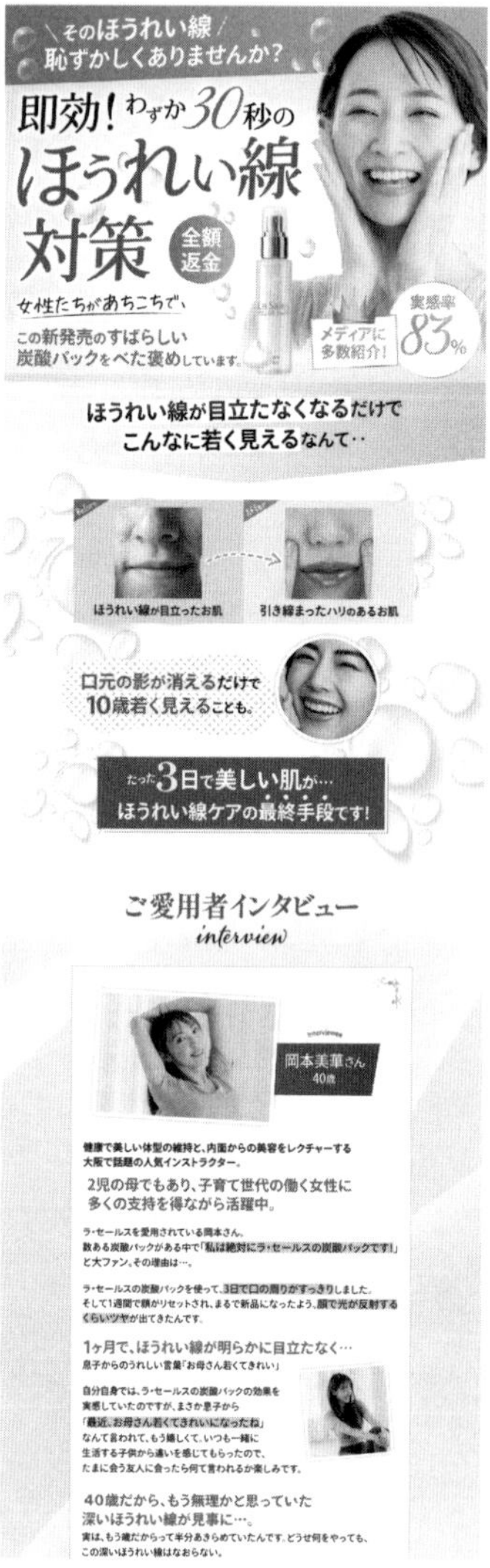

ネットをよく使っている方は何度も目にしていると思いますが、ランディングページ(Landing Page)とは、1ページで完結する縦に長いWebページのことです。1つの商品・サービスを売るために、1枚のランディングページを使って販売します。一般的に頭文字を取って、LPと称されます。

ここではランディングページについて、そこまで深く知る必要はありません。どのような特徴があるのかを知るだけで大丈夫です。

【主力スキルにする理由①】単価がそこそこ高い

ランディングページは誰がどのような目的で必要とするのかというと、企業や個人事業主が自社の商品・サービスをWebサイトで販売したり、集客するために使います。

ではなぜ、商品・サービスを売るために企業や個人事業主がランディングページを使うかというと、簡単に言えば**より効果的に売れる**からです。

いろんなページが存在する大規模なホームページにズラッーと商品を陳列させて売るよりも、ランディングページで1つの商品だけに絞って売るほうがより多く売れます。Webサイトではその認識がもはや常識とさえなっています。

オンラインでビジネスをしている人は、常に反応が良く、より売れるランディングページを欲しています。なぜなら**ランディングページの良し悪しで売上が2倍・3倍・5倍になる**ということも珍しくない話だからです。

ランディングページ1つでビジネスの業績が変わりすぎるほどのインパクトを持っていると言っても決して大袈裟ではありません。

そのようなビジネスにとって重要なランディングページは、高額であれば、**1ページの制作だけで30~50万円で取引され、時には1ページ100万円を超える**こともあります。

フリーランスとして仕事をするなら、毎月30万円の案件が数件あると経済的にも非常に潤うことにもなります。

【主力スキルにする理由②】素早く納品できる

ランディングページは、素早く納品することが求められます。

その理由は、**お客様が早くランディングページからの売上を作り、早く儲けたいから**です。

どんな業種・業界であっても、とにかく早く納品してほしいと心の底から願っています。

ちなみに私の場合、1案件数20万円を超える依頼にも関わらず、**着手から納品までの間がわずか4日**という案件も何度もありました。

そして当然のこと、早く制作することができれば、とても喜ばれます。

また、早く納品できて、早く案件が手離れするのは、おうちＷｅｂデザイナーにとっても重要な意味があります。

例えば、納品してからはじめて報酬としてお金がもらえるとしたら、

・半年かかって納品
・2週間で納品

のどちらが望ましいでしょうか。半年かかって納品した場合は、もはや死活問題になりかねません。仮に半年間、付きっきりになってしまうと、その間ずっと無収入で働き続けることになります。

逆に、2週間で納品した場合は、さらに案件を受けて収入を増やすこともできます。ランディングページを早く納品することで、お客様もWebデザイナーにも喜ばしいこととなります。

これらの理由から、単価がそこそこ高く、手離れが早いランディングページ制作は、おうちWebデザイナーにとって主力とすべきスキルなのです。

【主力スキルにする理由③】何度もリピートしてもらえる

ランディングページ制作が何度もリピートされるのには、理由があります。

それは企業や個人事業主が売上を作る際、そのたびにランディングページを活用するためです。

簡単に言うと、Aという商品を販売する際に、Aを売るためのランディングページが1つ必要になります。次にBという商品を販売する時も、またBを売るためのランディングページが必要になります。

楽天ショップやAmazon《アマゾン》の販売画像を見ても分かる通り、1つのお店は商品を1つだけ売ってるのではなく、複数の商品ラインナップを展開をしています。

後の章で詳しく詳細をお伝えしますが、仮にAのランディングページを制作して、その商品が売れたら「次はBのランディングページもお願いします！」という具合にリピートが起こります。

リピートされることは、おうちＷｅｂデザイナーにとっては非常に好ましく、**1つの案件を終えた後、新たにお客様探しをしなくて良いので、その分、制作だけにキャパ（自分が対応できる能力）や時間を集中できます**。

リピートされ続けるのは、大きく稼げる重要な要因の1つとなります。

ランディングページ制作の相場はズバリこれ！

ランディングページ制作といっても、実は相場はマチマチで、高ければ1案件30万円や50万円を超えるものもありますが、逆に安いと1案件3万円のものもあります。

この1案件あたりの単価ですが、実は**どこで受注するか**で大きく変わります。

おうちＷｅｂデザイナーとして活動する人の多くが、クラウドソーシングに登録して、案件の依頼が来るのをひたすら待つというやり方でスタートします。

しかし、この方法だといつ依頼が来るか分からず、依頼が来たとしても単価は2～3万円くらいがほとんどです。

これだと、大きく稼ぐことは難しいと言わざるを得ません。

クラウドソーシングでは、1案件の単価を低く設定しているWebデザイナーが画面いっぱい並んでいるので、簡単に比較されてしまい、単価の安さがセールスポイントになっています。

つまり、安売り合戦の勝負となりがちです。

1案件を高単価で受注したい場合は、**クラウドソーシングではなく、お客様との直接取引がマストです**。

私の場合は、フリーランスとして活動を始めた当初からクラウドソーシングを使わず、お客様と直接取引で仕事をスタートしました。

直接取引の場合は、お客様のビジネスの規模によってかなり変わります。

年商5000万円～1億円の規模の場合と、5億円以上の場合でも違いますし、逆に年商1000万円に満たない場合は安くなります。

私の場合は、年商5000万円～2億円、3億円ぐらいのお客様が多く、相場は1案件30万円からという案件がほとんどです。

直接取引であれば、1案件あたりの単価はこちらで目安を決めることができます。例えば、制作費用の目安を1案件10万円〜と料金表に記入しておいた上で、お客様に検討してもらいます。経験上、1案件20万円、30万円、50万円などの高単価での受注は直接取引でのみ実現していきます。

もちろん、直接取引であっても低単価での依頼もありますが、低単価の案件はシンプルに断るスタンスであれば、低単価で受注することはなくなります。

単価と受ける案件の数で月収が決まる

おうちWebデザイナーの場合、**毎月の月収は、単価とどれぐらいの案件数を受けられるかで決まります。**

第2章でもお伝えした通り、1案件の単価が1万円程度だと、時間とキャパは決まっているので、どれだけ頑張っても大きく稼ぐことはできません。

しかし、1案件の単価が10万円以上になってくると、毎月5〜10本のランディングページを制作できるとすれば、その月の月商は50～100万円となり、コストや仕入れがないので、ほとんどが利益となり、そのまま収入になります。

各月で受けられる案件の数は、時間の制約があり、大きく増やせないため、1案件あたりの単価をどれだけ引き上げられるかが収入の上限に影響するのです。

高単価のランディングページを制作するには

ちなみに、高単価のランディングページを制作するスキルは、**独学でも頑張れば習得することもできます**。

YouTubeでも動画が無料で公開されているので、いろいろ検索してみると良いでしょう。

また、私が代表講師を務める『セールスデザイン講座』では、8週間で未経験からプロのWebデザイナーを育成し、多くの卒業生があらゆる業界・業種で活躍しています。ご興味があれば、後半で紹介していますのでご覧ください。

第 4 章

コアターゲットを明確にし、見つける

大きく稼ぐための3つのステップ

第4章〜第5章では、大きく稼ぐための具体的な3つのステップを紹介します。

ステップ1 コアターゲットを明確にする
ステップ2 コアターゲットを見つける
ステップ3 コアターゲットに営業する

これまでデザインの仕事を経験したことがない方や、お客様（クライアントの候補）への営業経験がない方でもこのステップに従って行動を起こすことで、多くの方が毎月10万円、20万円、30万円、さらに50万円、100万円を超える収入を得てきました。

大きく稼ぐためのステップ1 コアターゲットを明確にする

それでは、最初のステップからお伝えしていきましょう。

まず大きく稼ぐための1つ目のステップは、**コアターゲットを明確にする**ことです。

おうちＷｅｂデザイナーにとってコアターゲットとは、前章でもご紹介した通り、**高単価でリピートしてくれるお客様**のことで、次の３つの特徴のうちのいずれかに当てはまります。

①セールスコピーを書いている
②クライアントを複数抱えている
③商品ラインナップを複数展開している

それぞれを見ていきましょう。

【コアターゲットの特徴①】セールスコピーを書いている

Ｗｅｂやマーケティングに興味のある方なら「セールスコピー」という単語を一度は聞いたことがあるかもしれません。セールスコピーとは、商品・サービスを売ることに特化したコピーライティングを指します。

一般的にコピーと言うと、映画のポスターや大手ブランドの広告に使われるキャッチコピーをイメージしますが、セールスコピーは購買意欲を高めて、商品やサービスを購入してもらうために書かれます。

通販番組をイメージすると分かりやすいのですが、例えば、カニを売っているとしたら「北海道で獲れた新鮮なズワイガニが今だけなんと2980円でお求めいただけます！さらに、今ご購入いただくと、もう1匹付いてきます！　期間限定ですのでお早めに！」のように買い手をその気にさせる言葉です。

ではなぜ、**セールスコピーを書いている人**が私たちのコアターゲットになるのでしょうか。

商品・サービスを売る際に必要なランディングページは、まず素材となるセールスコピーの原稿があって、それをデザイン化して世に出ていきます。まずセールスコピーを用意することから、ランディングページの制作が始まるのです。

簡単に言うと、セールスコピーを書いた後はランディングページのデザインを作成するという流れになるため、**その原稿を書く人と繋がっていると、案件が自動的に来る**という流れになりやすいのです。

【コアターゲットの特徴②】クライアントをたくさん抱えている

2つ目の特徴は、ランディングページを制作する必要がある**クライアント（顧客）をたくさん抱えている人**です。

クライアントをたくさん抱えている人は、あるクライアントの案件を終えた後、別のクライアントの案件をこなし、さらにまた別のクライアント……と、次々に仕事を進めていきます。

もし、それぞれのクライアントごとにランディングページの制作が必要であれば、クライアントの数だけ仕事があるという構図になります。

単発の案件だった場合は、また新たにお客様を探さなければなりませんが、**クライアントをたくさん抱えているお客様**であれば、その後もずっと継続してリピートいただけることになります。

お客様側も、新しいＷｅｂデザイナーに依頼するよりも、同じＷｅｂデザイナーに依頼するほうが要領が分かって仕事もスムーズになるため、時間を追うごとにリピートが増えていきます。

【コアターゲットの特徴③】商品ラインナップを複数展開している

３つ目の特徴は、**商品ラインナップを複数展開している人**です。

先ほどのクライアントをたくさん抱えている人と似ていますが、複数の商品を展開していると、**その商品の数だけランディングページが必要になり、その数だけ仕事の依頼に繋がります。**

○○という商品を売るためのランディングページを作成し、ほかにも××、△△……と一人のお客様から、複数の案件がどんどん発生するため、商品ラインナップを複数展開していることが3つ目の特徴になります。

コアターゲットとなる5つのタイプ

そして、このような3つの特徴のいずれかを備えた、高単価でリピートしてくれるコアターゲットは、次の5つのタイプに分類できます。

①起業・経営者塾の主催者
②Webマーケティングコンサルタント
③セールスコピーライター
④Web広告代理店
⑤商品ラインナップを多数展開するECサイト経営者

それぞれ解説していきましょう。

【コアターゲットのタイプ①】起業・経営者塾の主催者

起業・経営者塾は、簡単に説明すると、起業家や経営者の新規ビジネスをサポートするコミュニティです。

例えば、右も左も分からない初心者マークの起業家に「どんな商品・サービスを作ればいいか」「どうやってセールスをすればいいか」「どのように売上アップするのか」などを主催者が中心となって教えます。

その中でも特に重視されるのが、売上アップにダイレクトに繋がる集客やセールスの部分です。どんなビジネスでも商品・サービスが売れなくては成功はありえません。だから起業・経営者塾では、商品・サービスが売れるためのノウハウをたくさんストックしています。それらを参加者に提供して、売上アップに貢献していきます。

そして売上アップの施策を実施する場合、どんな規模のビジネスでも必ずと言っていいほど、Ｗｅｂを活用し、その際の武器になるのがＷｅｂ広告（ネット広告）です。

Webb広告は、テレビCMや新聞広告などと比べて安価で出稿でき、特定の消費者にアプローチできるターゲティングと細かなデータ測定が可能なので、短期間で効果が出やすい特徴があります。

Web広告には、SNS広告、Google《グーグル》やYahoo!《ヤフー》などの検索広告、YouTube《ユーチューブ》広告などがあり、これらの広告をさらに効果的にするのが、購買意欲を高めるランディングページです。

ランディングページを制作する際には、起業家や経営者が必死になってセールスコピーを書きますが、塾の主催者もフォローして書き上げます。そのようにして書き上げた原稿は、Webデザイナーにバトンタッチされて、ランディングページを仕上げるという流れになります。

そして、**主催者と繋がっていたり、その塾に自分がいたとしたら、お客様もWebデザイナーを探す手間が省けるため、ランディングページ制作の依頼が舞い込みやすくなります。**

つまり、ランディングページ制作の川下にいることで、自動的に案件が流れてくるというものです。

さらに起業・経営者塾というだけあって、そこに在籍する起業家や経営者は数十人から、多ければ数百人を超えることもあります。

仮に、その人たちすべてからランディングページ制作の案件がくるとすれば、自分のお客様はその塾の主催者一人だけで十分となり、もっと言えば一人で捌《さば》き切れないほどの案件がくることも珍しくありません。

しかも、塾のコミュニティの中だけで完結するので、低価格で受注するクラウドソーシングのデザイナーと比較されにくいメリットもあります。

【コアターゲットのタイプ②】Webマーケティングコンサルタント

Webマーケティングは、Webを活用してビジネスの売上アップを実現する施策です。

そしてWebマーケティングコンサルタントは、その専門家になります。

先ほどの起業・経営者塾のサポートで説明しましたが、Ｗｅｂマーケティングコンサルタントも同様にＷｅｂ広告を活用して売上アップをサポートします。

その際には、やはりランディングページが不可欠です。

Ｗｅｂマーケティングコンサルタントもクライアントのセールスコピーをサポートし、原稿を完成させます。

だから、**Ｗｅｂマーケティングコンサルタントと繋がっていると、ランディングページ制作の依頼や相談が来やすくなります**。

さらに、起業・経営者塾と同様に、Ｗｅｂマーケティングコンサルタントも複数のクライアントを抱えており、その人数に比例して案件が発生するという流れになります。

【コアターゲットのタイプ③】セールスコピーライター

セールスコピーライターは、その名前の通り、セールスコピーを専門とするコピーライターです。様々な業界・業種のセールスコピーを手がけます。

セールスコピーライターも複数のクライアントを掛け持ちし、日々セールスライティングをしています。

その業務の中には、**ランディングページ用のコピーを書く仕事が含まれているので、セールスコピーライターとパートナーシップを組んでいると、やはり案件が来やすいのです。**

私自身もフリーランスとして独立した当初は、数人のセールスコピーライターとパートナーシップを組んでいたので、頻繁に案件の相談があったり、時にはランディングページだけでなく、店舗集客のチラシなども制作することがありました。

また、チラシを制作した後、そのチラシを元にランディングページを制作したり、その逆のパターンでランディングページを制作したらチラシも制作するというような、派生する依頼もあります。

【コアターゲットのタイプ④】Web広告代理店

Web広告代理店は、クライアントの代わりにWeb広告を運用して商品・サービスを販売したり、集客のサポートをしています。

特にWeb広告代理店は、広告運用が毎月どれだけクライアントの売上アップや集客に貢献したかが問われるため、より専門的にWeb広告を活用します。

ここでも同じくWeb広告を運用する際に活用されるのが、ランディングページです。そして、より多くの集客を実現し、売上アップに繋げるためには、精度の高いランディングページが求められています。

Web広告代理店では、専門のライターが社内に常駐してランディングページ用のセールスコピーを書き上げます。その後、そのセールスコピーは、社内のWebデザイナーの元にきて、Web広告に使用するランディングページが完成する流れとなります。

しかし、Web広告代理店では、この要となるランディングページを制作するWebデザイナーがキャパオーバーとなって仕事が進まず、遅延が発生していることがあります。
そのような背景もあり、**Ｗｅｂ広告代理店では、社外で制作を請け負ってくれるＷｅｂデザイナーを募集していることが多いのです。**

私が知っているＷｅｂ広告代理店でも、社外のＷｅｂデザイナーがゼロから制作したランディングページを元に、社内のＷｅｂデザイナーが修正や微調整などの軽微な業務だけを行って、キャパをコントロールしています。

また、Ｗｅｂ広告代理店は、会社組織として広告運用を回しているため、非常に多くのクライアントを抱えており、ランディングページを制作できるＷｅｂデザイナーを常に求めているのです。

【コアターゲットのタイプ⑤】商品ラインナップを多数展開するＥＣサイト経営者

現在、ランディングページを最も必要にしているのが、ＥＣサイトを運営する経営者です。

ECは、Electronic Commerce《エレクトロニック コマース》（電子商取引）の略で、ECサイトは、インターネット上で商品・サービスを販売するWebサイトになります。

ECビジネスをするなら、楽天ショップやAmazon、Yahoo!ショッピングで商品を販売することが主流となりますが、それらのプラットフォームで商品を販売する際には、必ずといって良いほどランディングページが必要になります。

中にはランディングページではなく、カタログ画像と呼ばれる単品の画像を複数枚使うこともありますが、用途としてはランディングページと同じです。

ECビジネスをする場合、1つの商品展開だけにとどまらず、複数の商品を販売することが一般的です。

例えば、男性向けのプロテインサプリを販売しているECサイトの経営者は、女性向けのプロテインサプリを販売していたり、類似するサプリだったり、またはトレーニングウェアだったりと様々な展開をしています。

それらの商品を販売する場合、１つの商品に対して１つのランディングページが必要になります。

ＥＣサイトの経営者の中には、セールスコピーを自分で書いて、そのコピーを元にランディングページを自分で制作する人も実際にいますが、**自分でセールスコピーを書いても、ランディングページ制作は外部のデザイナーに依頼する人が大多数です。**

このように商品ラインナップを複数展開し、ランディングページを必要とするＥＣサイト経営者は、リピートしてくれる傾向が非常に高く、大事なコアターゲットとなります。

おうちＷｅｂデザイナーにコアターゲットが求めるもの

どのようなビジネスでも同じことが言えますが、商品・サービスを通してお客様に価値を提供するからこそ、その代価として報酬をいただけます。

それゆえ、おうちＷｅｂデザイナーとして大きく稼ぐためには、**お客様が求める価値をどれだけ提供できるかが問われることになります。**

では、私たちのコアターゲットが何を求めているのかというと、それは単純に自社の商品・サービスがより多く売れることにほかなりません。より多く売れて、売上が増え、利益がたくさん出ること以外に求めることはないとさえ言えます。

そのため、お客様はWebデザイナーに集客やセールスの要となるランディングページを依頼し、そのニーズにしっかり応えることができるWebデザイナーほど、より高単価で何度もリピートされて大きく稼ぐことができます。

そして、ここからが第4章で最も大事なポイントです。

先ほど説明したように、コアターゲットはセールスコピーを自分で書いているという特徴がありましたが、コアターゲットが求めるものは、**セールスコピーの魅力をユーザーに伝えられるランディングページ**です。

セールスコピーの中には、商品・サービスを購入することで得られるメリットや効能、効果などのベネフィット（利益、恩恵）がぎっしり書かれています。

そのほかにも、商品・サービスによってユーザーの悩みを具体的に解決し、最大のベネフィットを受けられるのかをロジカル（論理的）に説明したものもあります。

それらを文字数にすると、数千〜数万文字にもなることがあります。

例えば、楽天ショップや、そのほかの縦に長いランディングページを見ると分かりますが、デザインを省くと、それはただのテキストの固まりです。

Ｗｅｂデザイナーは、お客様が何日、何週間、何ヶ月もかけてようやく書き上げたセールスコピー、つまりテキストの固まりを一瞬見ただけで、いかにして商品・サービスの魅力が伝わるランディングページとして完成させられるかが問われるのです。

逆に言うと、その価値さえしっかり提供できれば、コアターゲットの商品・サービスが多く売れ、その結果として高単価の案件をリピートしていただけます。

もちろん、Ｗｅｂデザイナーがセールスコピーからサポートできて、その上で商品・サービスがより多く売れるのであれば、それは見事です。さらに大きく稼げるようになるのは、間違いありません。

ただし、Ｗｅｂデザイナーがセールスコピーに関わり、価値を提供する労力は、ランディングページ制作の何倍もかかります。

はじめの一歩は、ランディングページの制作だけに集中するのがベストです。

自分でセールスコピーを書く経営者がコアターゲットとなるもう1つの意味

セールスコピーを書く目的は、たくさんのユーザーに自社の商品・サービスを買ってもらえることに直結します。

この点について、もう少し掘り下げましょう。

要するにセールスコピーを書けるということは、経営者が「自社の商品・サービスがユーザーにとってどのように価値があるのか？」「ユーザーのどんな悩みを解決できるのか？」をきちんと言語化できて、それを文字で表現できることになります。

あなたは、それが当たり前だと思いますか？

実は、まったく当たり前ではありません。長年、ビジネスをやっている人でも、言語化して文字で表現するとなると、全然できない人が実際に多くいます。

セールスコピーライターやWｅｂ広告代理店が経営者のセールスコピーをサポートしているのはそのためです。

自社の商品・サービスの良さを言語化して、文字で表現できないとどうなるかと言うと、そのビジネスは規模を拡大できず、軌道に乗りにくくなります。

多くのビジネスにも言えることですが、ビジネスを大きく成長させる場合、Ｗｅｂを避けては通れないのです。

なぜなら、Ｂ２Ｂ（Business to Business：企業間取引）やＢ２Ｃ（Business to Customer：企業と消費者の取引）においても、ユーザーはＷｅｂを媒介として商品・サービスを購入したり、検討するためです。

そのＷｅｂを活用する際に主軸の媒体になるのが、**Ｗｅｂ広告**となります。

ほかにもテレビＣＭや新聞広告、雑誌広告、ラジオ広告などを使って企業は販促活動を行いますが、Ｗｅｂ広告は、この5大媒体の中で最も費用対効果が高い媒体となります。

その証拠として、過去数十年の間、絶え間なくＷｅｂ広告市場は毎年右肩上がりで、どんどんＷｅｂ広告を活用する企業は増え続けています。それだけＷｅｂ広告を活用すると売上アップに繋がるという裏付けとも言えるのです。

自社の商品・サービスの価値を伝えるセールスコピーを書けないと、自力でビジネスを成長させることが難しくなります。その一方、セールスコピーを書けるということは、**自力で集客して売上アップを実現できる**という見方もできます。

そのようにWeb広告を活用して、売上を伸ばしているビジネスは、ランディングページが絶対的に重要なことを理解しているため、**制作にもしっかりとお金をかけている**のです。

大きく稼ぐためのステップ2 コアターゲットを見つける

おうちWebデザイナーとして大きく稼ぐため、コアターゲットがどんな特徴を持ち、具体的にどのような職業・職種の人なのかを説明してきました。

では、コアターゲットは、どこにいるのでしょうか？

結論から言うと、コアターゲットはどこにでもいますし、ネットで検索すると10秒もあ

れば見つけることができます。

しかも数え切れないほどたくさん存在します。

例えば、「起業塾」「セールスコピー 勉強会」「起業初心者」「Web広告代理店」「Web広告 勉強会」「マーケティング 勉強会」「ランディングページ 依頼」など、コアターゲットのビジネスのキーワードで検索すると、関連するサイトが複数見つかるのが分かります。

少し補足すると「勉強会」というキーワードは、ある特定の知識を得るために、起業家や経営者が学ぶコミュニティです。さらに「セールスコピー 勉強会」は、セールスコピーを学ぶ人たちが検索するキーワードとなります。

誰が何の目的でセールスコピーを勉強会で学ぶのかというと、自社の商品・サービスをWebで売りたい起業家や経営者、セールスコピーライターになりたい人、もっとスキルを高めたいセールスコピーのプロたちで、そこにはコアターゲットが集まっています。

また、「ランディングページ 依頼」「ランディングページ 業者」で検索すると、Web広告代理店が多く表示されます。

Ｗｅｂ広告代理店では、そのキーワードを検索した経営者から依頼を受けると、実際にＷｅｂ広告を運用して利益を得ますが、このＷｅｂ広告代理店は、私たちのコアターゲットになります。

ＳＮＳを見ても、コアターゲットが多数集まるコミュニティがたくさんあります。私も複数のＳＮＳのコミュニティに登録していますが、登録者数が多いコミュニティでは数千人、数万人が登録しているので、どこにでも見受けられます。

また、楽天ショップなどを見ても、たくさんのＥＣサイト経営者が自社の販売ページを公開していますが、それらもコアターゲットとなる見込み客といえます。

つまり、ネットさえ使えれば、コアターゲットを探すのにそれほど苦労しません。しかし、これはコアターゲットが誰であるかを理解しているからこそ、ピンポイントで探せるのであって、**これまでにお伝えした知識がないと、あなたが本来獲得すべきコアターゲットが誰なのかが分からず、出口のないお客様探しの旅に出かけることになります。**

第 5 章

コアターゲットに営業する

大きく稼ぐためのステップ3 コアターゲットに営業する

前の第4章で、私たちがコアターゲットとすべき人がどのような特徴を持ち、どこにいるのかが明らかとなりました。

コアターゲットを探すことは比較的簡単でしたが、第5章では、**どのように効果的にアプローチするのか、つまりどのように営業して、コアターゲットから案件を獲得するかをお伝えします**。

「営業」という言葉を聞くと、耳を塞ぎたくなる人もいるかもしれませんが、大丈夫です。例えば、会社への飛び込み営業や、玄関先のチャイムを鳴らして、押し売りをする営業マンをイメージするかも知れませんが、そんなスタイルとはまったく異なりますので、ご安心ください。

コアターゲットにアプローチするための2つの方法

Ｗｅｂデザイナーが案件を獲得するためのアプローチは、**ほかの業界・業種と比べても**

非常にハードルが低いです。

なぜなら、これまでにお伝えしたように、いたるところにコアターゲットがいて、その中の1社、もしくは1人と繋がるだけで良いからです。

逆に、案件を多く獲得し過ぎると、仕事を捌き切れない事態にもなりかねないため、まずは1社もしくは1人とだけと繋がることを目指します。

具体的なアプローチの方法は、次の2つです。

①ポートフォリオを作成する
②ポートフォリオをコアターゲットに見せる

この2つだけで、より効果的にコアターゲットにアプローチすることができます。

その結果、コアターゲットと繋がり、高単価な案件を獲得してリピートする流れを手繰り寄せることができます。

【アプローチの方法①】ポートフォリオを作成する

コアターゲットと繋がるために最も重要なツールが、ポートフォリオです。

ポートフォリオとは、Webデザイナーのデザインサンプルの集合体です。

ポートフォリオは、「自分が一体どのようなデザインを制作したのか」、または「どのようなデザインを手がけることができるのか」を証明するための唯一のツールとなります。

コアターゲットはもちろんのこと、お客様となるすべての人がWebデザイナーに案件を依頼する際、必ずポートフォリオをチェックして、実力を見極めます。

このポートフォリオがない状態だと、いくらアプローチを繰り返したところで結果には繋がりません。逆に**ポートフォリオがあるだけで、70%はコアターゲットと繋がり、案件の獲得へと近づいたといえます**。

営業をしたことがない人でもポートフォリオに載せるデザインサンプルの質が良けれ

ば、まったく問題なく、Ｗｅｂデザインの依頼がきます。

実際に『セールスデザイン講座』を卒業した多くの方は実業務がほとんど未経験ながら、おうちＷｅｂデザイナーとして活躍していますが、ほぼ１００％と言えるほど、案件獲得の決め手はポートフォリオです。

ポートフォリオが案件を運んで来るため、ポートフォリオはＷｅｂデザイナー自身の分身と言っても過言ではありません。

【アプローチの方法②】ポートフォリオをコアターゲットに見せる

次にポートフォリオを使って、案件を獲得する方法を説明します。

実は、その方法は非常にシンプルで、**コアターゲットにポートフォリオを見てもらうだけ**、この一点です。

見てもらった後は、ただ待つだけです。じっくり検討してもらって、何らかの返信を待つことに徹します。しつこく売り込みをする必要はありません。むしろ、そのようなことをすると「しつこい！」とウザがられてしまいかねません。

では、どのように見てもらうのかというと、これに関しては方法がいくつもあるため、その中の数パターンを説明します。

●コアターゲットを探して、ポートフォリオを見せる

まず、コアターゲットに見てもらうためには、コアターゲットがどこにいるのかを探す必要があります。

探し方は前に述べた通り、ネットやSNSでコアターゲットと関連あるキーワードで検索していくのが近道です。

例えば、「セールスコピーライターの勉強会」があるとします。

その勉強会に参加して、自身もセールスコピーを学び、そこで繋がった人がセールスコピーライターであれば、それはすでにコアターゲットと繋がったということになります。

初対面ですので、お互い自己紹介をして、どのような仕事をしているかなどを話したりしますが、その際は、「私はWebデザインをしています」とか「これからWebデザイナーとして活動します」などと伝え、**その流れで自分から、もしくは相手に促される形で「このようなデザインを作っています」とポートフォリオを見せます。**

すると、相手はセールスコピーの魅力が伝わるデザインが瞬時に理解でき、そのまま案件の相談に流れていきます。

「そんなに都合良く進むの?」と疑問に思う方もいるかもしれませんが、これは私自身が何度も何度も経験してきたことであり、『セールスデザイン講座』の卒業生の多くも、そのようにあっさりと案件獲得に繋がっています。

問い合わせ窓口にポートフォリオを送る

ほかには、**広告代理店のWebサイトの問い合わせ窓口にポートフォリオを送るのも効果的な方法です。**

例えば、このような当たり障りないメッセージと一緒にポートフォリオを送ります。

〇〇株式会社　広告部のご担当社様

はじめまして、突然のメール失礼いたします。
私はＷｅｂデザイナーの〇〇と申します。

御社のサイトでとてもクオリティの高いランディングページをいくつも拝見させていただき、同じ業界の者としてとても勉強になります。

私も御社のような集客に特化したランディングページをメインの業務としております。
御社のお力添えになるかもしれませんのでもし、宜しければ一度私のポートフォリオを拝見していただければ幸いです。

〈ポートフォリオＵＲＬ〉

お忙しい中お手数ではございますが
どうぞ宜しくお願いいたします。

実際に、こんなシンプルな方法でも、私の講座の何人もの卒業生が毎月高単価の案件を何件も獲得しています。

さらに補足すると、Web広告代理店やランディングページの制作・運営をする会社の中には、外部のWebデザイナーをパートナーにしたいため、わざわざ「専用の問い合わせ窓口」を設けている場合もあります。有効活用すると良いでしょう。

このような営業方法であれば、ネットで検索してメールを送信するだけなので、わずかな時間で、コストがかかることもありません。

コミュニティに入会して、ポートフォリオを見せる

また、現在ではオンラインでのコミュニティが盛んなので、そちらからもアプローチできます。

例えば、Web広告の勉強会などのオンラインコミュニティがあるとします。もちろんWeb広告を学ぶことが目的ですが、コミュニティに入る際は、自己紹介として次のようなメッセージを添えます。

はじめまして、私はＷｅｂデザイナーの○○と申します。
ランディングページの制作をメインとして制作しています。
こちらのコミュニティでしっかり学んでお客様に貢献できるよう励んでいきたいと思います！

以下が制作サンプルになります。
良ければご覧ください。

↓

〈ポートフォリオのＵＲＬ〉

お忙しい中お手数ではございますが
どうぞ宜しくお願いいたします。

そうすると、そのコミュニティにいる広告代理店の担当者や、Ｗｅｂ広告の仕事をしている人は「ランディングページ」というキーワードに反応して、ポートフォリオを見る流れとなります。

この方法についても、実際に『セールスデザイン講座』の**卒業生が何人も様々なコミュニティで実際にＷｅｂ広告を学びながらコアターゲットと繋がり、案件も獲得するという一石二鳥の活動をしています**。

卒業生のＮさんは、業界未経験のまま、おうちＷｅｂデザイナーとして仕事を始めましたが、当初はお客様と繋がり、案件が獲得できるのか不安でたまらなかったといいます。

しかし、講座で作成したポートフォリオを思い切ってＳＮＳのコミュニティにアップすると、すぐに数社の企業から問い合わせがあり、たちまち３つの案件のランディングページ制作の依頼が舞い込みました。

それからも毎月途切れることなく、リピートの制作依頼が続いています。

実は、話はこれだけでは終わりません。

SNSのコミュニティでポートフォリオをアップしてから、しばらく経ってからのことです。

過去にアップしたままのポートフォリオを偶然見た会社からも、ランディングページ制作の依頼の相談がたびたび舞い込むようになりました。

Nさんは、このように言います。

「むやみにポートフォリオを見せてしまうと、キャパを大きく超えるほどの依頼の相談が来てしまうため、今はよっぽどのことがない限り、表に出さないよう心がけています」

これは、Nさんに限った話ではありません。

私の昔のポートフォリオを見た複数の人から、今でも同じようなメッセージをいただいています。

Nさんは、まるでお腹を空かせた魚がたくさんいる釣り堀に、餌の付いた針を投げ入れるやいなや、すぐに喰いつかれるような体験をしたのです。

特にランディングページを必要としているコミュニティでは、ポートフォリオを見せた途端にレスポンスが返ってくることは決して珍しい話ではありません。

ポートフォリオは、それほどまでに強力な営業力を備えているのです。

案件獲得を決めるポートフォリオの質

ただし、**ポートフォリオの質が悪ければ、せっかく見てもらってもスルーされてしまいます。**

案件獲得には、ポートフォリオが決め手となりますが、ここではそのポートフォリオの質についてお伝えします。

前に述べた通り、ポートフォリオは「Ｗｅｂデザイナーのデザインサンプルの集合体」ですが、質の良し悪しを決めるのは、まさにそのデザインサンプルの1つ1つの内容にほかなりません。

デザインサンプルといっても、世の中には無数のデザインが存在します。例えば、ロゴ、チラシ、ポスター、パンフレット、カタログ、ステッカー、パッケージデザインなど紙媒体で使用するデザイン。

ほかにもインテリアデザイン、内装、壁面看板などの店舗のデザイン、服やカバンなどのプロダクトデザインなど様々です。

また、Ｗｅｂデザインに至っては、小規模案件のバナーやＳＮＳ画像、中規模案件のランディングページ、大規模案件であるホームページなどが含まれます。

そして、コアターゲットと繋がり、高単価案件を獲得するには、Ｗｅｂの中規模案件である**ランディングページがポートフォリオの中心となるデザインサンプルである必要があります。**

なぜかというと、獲得したい案件がまさにランディングページだからです。

ポートフォリオはコアターゲットに「こんなランディングページをウチでも作ってほしい！」と思ってもらい、案件獲得に繋げるためのものです。

そのため、ポートフォリオの中に、ランディングページ以外のほかの様々なデザインサンプルがあると、せっかくのランディングページのサンプルに目が行かず、結果的にボヤけてしまいます。

数点であれば問題ありませんが、ランディングページのデザインサンプルが数ある多くの中の1つという存在であれば、せっかくポートフォリオがあってもお客様からは「何でもできる何でも屋」と認識されてしまいかねません。

何でも屋と認識されてしまっては、専門分野の人と比較されると引けを取ってしまいますので注意すべきです。

さらに、重要なのが次の一点です。

それは、ランディングページのデザインサンプルがセールスコピーの魅力を伝えるデザインになっているかどうか。

前章でもお伝えした通り、コアターゲットは心血を注いでセールスコピーを書いています。それゆえ、セールスコピーの魅力が伝わるデザインかどうかを一目で見抜きます。

Ｗｅｂデザイナーのポートフォリオでよくあるのが、広告の賞を獲りそうな洗礼されたデザインサンプルが散りばめられていたり、オシャレでカッコイイ流行りのデザインがいくつも並んでいるものです。

そのようなデザインを「イメージデザイン」と表現することがありますが、仮にイメージデザインを依頼したい人がいれば、そのような案件を獲得するかもしれませんが、残念ながらイメージデザインを依頼する会社は年々減少しています。

同じデザイナーとして、洗礼されたデザインや、流行りのデザインをポートフォリオにしたい気持ちは重々理解できます。

しかし、イメージデザインは大企業のブランド広告など、**企業の印象を良くするため、もしくは、これまでの企業イメージの印象を変えることを目的で使用されることが多いのです。**

ブランド広告を活用する企業のほとんどが、年商数百億以上の大企業です。

国内には300万社以上の企業がありますが、99％以上が中小企業や個人事業主が占め、大企業は全体のわずか0・3％程度にすぎません。

私は、これまで長くWeb広告の業界を見てきましたが、中小企業や個人事業主がそのようなデザインを真似してしまうと、雰囲気はオシャレで格好が良くても、商品・サービスの最大の価値がユーザーに伝わらず、その結果として広告の反応率が下がり、売上アップにまったく繋がらず、ビジネスから撤退してしまうことも珍しくありません。

中小企業や個人事業主にとって、ランディングページを制作する最大にして唯一の目的が商品・サービスをより多く売り、1円でも多く売上を増やすことです。

おうちＷｅｂデザイナーは、それを忘れてはいけないのです。

成約率を記録する2つのメリット

営業の方法は、ほかにもまだまだあるので、案件獲得のための詳細についてさらに具体的にお伝えしますが、その前にまず、覚えていただきたいことがあります。

それは、**成約率を記録することです**。

成約率とは、自分が営業を何回行い、その中で案件を何回獲得したのかを記録することです。

もしくは、何回レスポンスがあったのか、つまり返信があったのかでも構いません。その場合は、レスポンスが何回あって、その後に何回案件獲得に繋がったのかを記録します。

例えば、メールでポートフォリオを送るメール営業を10回繰り返したとします。

10回中、2回のレスポンスがあり、その後オンラインで2社と打ち合わせして、打ち合わせ後に案件の依頼が1件ありました。

この記録で分かるのが、次の数字です。

- メール営業でのレスポンス率は、10回中2回＝**20％**
- 打ち合わせからの案件依頼の成約率は、2回中1回＝**50％**
- メール営業全体での成約率は、10回中1回＝**10％**

営業をする際は、必ずこの数字を記録しておくことを心がけてください。毎回、営業をするたびに記録しておくと母数が増えて、より正確な数字となっていきます。

この数字を記録しておくことで得られるメリットは、次の2つです。

①何をしたら、どんな結果が得られるかが予想できる

②ボトルネックとなる数字を改善できる

【数字を記録するメリット①】何をしたら、どんな結果が得られるかが予想できる

「今月はキャパが空いてるし、まだ仕事できそうだな」と思ったら、メール営業を10回繰り返し、2回打ち合わせしたら、案件を1つ獲得できるという逆算もできます。

つまり、**狙って売上を作れるようになります。**

【数字を記録するメリット②】ボトルネックとなる数字を改善できる

例えば、メール営業を20回しても1件もレスポンスがないのであれば、ターゲットを変える、もしくはターゲットが好みそうなポートフォリオのサンプルに差し替えて再度送ってみることで、成約率を改善できます。

また、打ち合わせをしても1件も案件に繋がらないのであれば、打ち合わせの方法を見

直したり、料金表やスケジュール表などが分かりにくくないかを確認したり、あるいは別のサンプルを用意したりします。

このように**試行錯誤しながら、ボトルネックを改善して成約率を上げるための施策を実行できます**。

勉強会に参加した際も、どんな勉強会に参加したら案件獲得に繋がるのかなども記録していきます。

闇雲に営業するのではなく、どんな営業がどれぐらいの成約に繋がるのかを記録しておくことで、どんな営業が最も効率的に案件を獲得できるのかが可視化できるのです。

営業に動く際の注意点

また、営業に動く際の注意点として、**あれこれ考えるのをやめましょう**。

誰にどのようにアプローチするかを事前に決めておき、ただ営業を実行することだけに意識を集中していきます。**動き出す段階であれこれ考え出すと、一歩を踏み出そうにも思**

考が邪魔して動けません。

「失敗したらどうしよう」
「本当にこれで大丈夫なのかな」
「私なんかにできるのだろうか」
「クレームを言われたどうしよう」
「案件をもらっても本当にやれるのだろうか」

このように頭の中で考えながら動き出すと、まったく前に進めなくなり、まるで牛の歩みのようになります。

営業に動き出す時は、疾風の如く実行できるかどうかが成功の鍵です。

ですので、誰にどのようにアプローチするというのが決まったら、後はできるだけ何も考えずに、**ただ今日は〇〇の営業をするという行動だけに意識を傾けること**が重要です。

要するに「思考」と「行動」を切り分けておくことです。

- **思考の段階で、誰にどのように営業するのかを熟考しておくこと。**

・**行動の段階では、行動することだけに意識を傾けること。**

これは素早く動いて、素早く結果を掴むために非常に重要なポイントなので、ぜひ覚えておいてください。

次の第6章では、営業力を底上げするテクニックについてお伝えいたします。

第 6 章

営業力を底上げする

見込み客が商品・サービスを購入する流れを知ろう

営業で大事なポイントがあります。それは見込み客が商品・サービスを購入する際には、**認知→興味関心→検討**の流れを経ることです。

そして、この流れを経て、最終的に**購入**に至ります。

これをWebデザイナーの営業に当てはめ、それぞれのフェーズ（場面や局面）で大事なポイントをお伝えしましょう。

【購入の流れ①】認知フェーズ

認知フェーズは、見込み客がはじめてあなたの存在を知った状態です。ここでのポイントは、**いきなり売り込みしない**ことです。

見込み客は、あなたのことをはじめて知ったばかりです。誰でも同じことが言えますが、いきなり初対面の人に売り込みされると、「なんだこの人、いきなり売り込みしてきたよ」と嫌悪感を抱く人も少なくないでしょう。

見込み客もまったく同じです。まずは「あなたが何者なのか」を認知してもらうことが、重要になります。

そして、より深く認知してもらうために有効なのが**メッセージのやり取り**です。そのため、認知フェーズでは何らかのレスポンスをもらって、それに対してこちらから返答をすることを繰り返すことを目的とします。

【購入の流れ②】興味関心フェーズ

興味関心フェーズは、その商品・サービスにメリットがあれば、見込み客がより興味を抱く状態です。ここでは、**見込み客との距離感を縮める**ことに力を注ぎます。

見込み客があなたのことを認知したばかりの時は、一定の距離感があります。

そして、この距離感を縮める上で有効なのが、ＳＮＳやメルマガ、ＬＩＮＥの投稿などです。直接繋がることで、あなたが発信する情報に定期的に触れてもらうことができます。

特にＷｅｂデザイナーにとって有効なのが、自分の作成したデザインサンプルを定期的に投稿して、直接目にしてもらうことや、制作した実績を同じくＳＮＳでアピールすることです。

目安で言うと5回〜8回ほど定期的にアピールすると、見込み客との距離感はグッと縮まります。

【購入の流れ③】検討フェーズ

検討フェーズは、商品・サービスを購入しようかどうかを見込み客が検討する状態です。

ここでは、**オファー（提案）**を行います。

見込み客がWｅｂデザインを必要としたタイミングで、あなたとの距離感が縮まっていれば、どんな条件で案件を受けるのか、あなたに案件を依頼するとどんなメリットがあるのかなど、見込み客にとって「ほしい」と思わせる提案をします。

基本的に、この流れで、案件の依頼へと発展します。

興味関心フェーズから検討フェーズに移る状況は、例えば、コップの水がゆっくりと溜まっていき、一杯になったら自然と溢れ出すような場面をイメージすると分かりやすいかもしれません。

コップの水、つまり見込み顧客の興味関心が満たされていないのに、焦って売り込みをしても効果は期待できません。オファーを提案するのは、十分に見込み顧客の興味関心を満たしてからが得策です。

これらの見込み客が商品・サービスを購入する流れを意識することで、より的確な営業ができるようになります。

営業力を底上げする6つのテクニック

ここで自分自身の営業力を底上げする実践テクニックを先にお伝えしたいと思います。

私は駆け出しの頃、営業のアプローチを強制的に増やすため、自分自身にあるノルマを課していました。

それは何かと言うと、**営業10回ノルマで、いついかなる、どんな状況であっても、1週間で確実に10回営業を実行する絶対ルールです。**

営業10回ノルマは1ヶ月やっただけでも、**トータル40〜50回ほど営業をしたことになる**ので単純に営業の経験値が上がるだけでなく、それぞれの営業の成約率の精度を高めることもできるため、非常に有効です。

ただし、先にも述べた通り、営業10回ノルマを実行する際は、営業に動き出すことと、思考することをしっかり分けないと、なかなか実行できません。

逆に営業10回ノルマができるようになると、動くことと思考することが上手く切り分けられていると言えます。

では、具体的にWebデザイナーとして、私が実際に行ってきた6つの営業の実践テクニックをお伝えします。具体的な内容とそれぞれの注意点を含みますので、ぜひご覧ください。

テクニック1 メール営業
テクニック2 無料提案
テクニック3 初回限定特別割引
テクニック4 セミナー&勉強会の開催
テクニック5 見込み客&顧客のリストを活用
テクニック6 ジョイントベンチャー

営業力を底上げするテクニック1 メール営業

1つ目は、これまでお伝えしてきたメールを送るだけのシンプルな営業です。

メール営業のメリットは、なんといっても時間やコスト、労力がさほどかからずに実施できることです。

最初に雛形の定型文を用意して、その後、見込み度の高そうなターゲットに配信していきます。基本的にコピー&ペーストをして送るだけなので、シンプルでお手軽です。

「そんなこと、やってる人がいるの？」と思われるかもしれませんが、普通にいます。その証拠に求人広告のメール営業、Ｗｅｂシステムのメール営業、動画クリエイターからのメール営業、Ｗｅｂ広告運用のメール営業など、毎日何かしらの営業メールが届きます。

私が以前、見知らぬ動画クリエイターからメール営業をされた時のこと。

その日の仕事を始めようと、パソコンを立ち上げてメールを確認すると、1通のメールが届いていていました。

件名 編集作業に疲弊しておりませんか？ 動画編集をワンストップで請け負います

上野様 はじめまして、突然のご連絡失礼いたします。

動画編集チームの○○と申します。
このたびはYouTubeチャンネルを拝見し、とても有益な動画配信をしていると感じました。

視聴者様にとってより良いコンテンツ作りに貢献したくご連絡させていただきました。

我々は“低価格で高品質な動画サービス”をモットーに複数のYouTube r 様や企業様のYouTubeチャンネルを担当させていただいております。

※サービス内容・強み YouTube編集・イベント動画制作・営業用動画制作・セミナー動画の制作など ビジネスシーンで必要なあらゆる制作業務をワンストップで請け負うことが可能です。

また、単に動画制作を代行させていただくだけではなく、動画を視聴される方の目線に沿った演出・動画構成・分析・改善プランまで一手にお任せいただけます。

動画制作工数及び費用削減、また事業規模拡大に貢献させていただきたいと思っております。

※具体的なサービス内容や実績は以下の資料をご参照ください。

▼サービス内容・実績資料▼
〈実績を掲載したサイトのＵＲＬ〉

ちょうどその時、撮影した動画にテロップを入れないといけない検討フェーズだったのもあり、好都合だと思い、メールに返信しました。

その後、オンラインで打ち合わせをして、動画テロップの仕事内容を伝え、後日、見積書をいただいた後、発注させていただきました。

結局、この会社には数回、依頼をしています。仕事をスムーズに進めることができ、何より一から動画テロップを入れてくれる人を探す手間がなくなったので、個人的にも大変助かりました。

もちろん、駆け出しの頃は、私もメール営業をしていました。

時間もコストも労力もかけずに繰り返せるので、重宝していたのを覚えています。

なぜ、重宝していたのかというと、それは自分に課した絶対ルールの10回ノルマがあったためです。

実際には、デザインの仕事も同時進行で動いているので多忙を極めています。忙しすぎて、なかなか営業するために外に踏み出す時間がありませんでした。

そんな時にメール営業は役立ちます。

メール営業は、基本的にほとんどコピー&ペーストで済むため、ノルマの期限ギリギリ、週末の数十分の間で、無理矢理10回繰り返して「**はぁ、今週の10回ノルマはこれで終わりだ**」というような、若干反則技のような活用もしていました。

もちろん10回ノルマのメール営業だけで、案件を何度も獲得していますので案外、見捨てたものではありません。

また、メール営業の際はコピペであったとしても、明らかに営業メールだと思われるものより、**メールを送る相手に合わせてカスタマイズすると、より読んでもらえる可能性が高まるでしょう**。

例えば、送る相手がメルマガを配信していたら、メルマガを拝見していて、そのメルマガのどんな部分に共感したかなどを、一言コメントを入れるような感じです。

セミナーや動画配信をしていたら、その内容の何に価値を感じたかを一言コメントを入れるのです。そうすると、営業っぽさが薄れ、送ったメールが読まれやすくなります。

また、**メール営業の際は必ず先にも述べたポートフォリオの存在が必須となります**。

せっかくメールが読まれるのに、ポートフォリオがないと、どんなデザインを作れるのかが不明なため、案件獲得には繋がらないでしょう。

メール営業は、昔からある地味な営業ですが、最も簡単で時間もコストも労力も掛からない今でも使える営業法の1つです。

もし、あなたも私と同じように営業10回ノルマを実践するのであれば、メール営業はきっと何度も活用することになるでしょう。

営業力を底上げするテクニック2 無料提案

テクニックの2つ目は、無料提案型の営業法です。

無料提案とは、そのままの意味で**無料で案件を受けるというもの**。

具体的には、メール営業や勉強会などのコミュニティで、実施します。

例えば、「ただいま無料でデザイン制作をするモニター様を募集しています。ご興味ありましたらお声がけください」というようなメッセージを添えて発信します。

この方法は無料ですので、ターゲットも依頼する上でリスクがなく、非常に効果的です。私も駆け出しの頃は無料提案で案件を獲得していました。

この無料提案の目的は、2つあります。

1つ目は、クライアントと繋がり、案件を獲得すること。

2つ目は、クライアントからお客様の声をコメントと写真付きでもらうこと。

この2つの目的を果たすために実行していきます。

その上で**無料提案には、次の3つの条件を付けること**が必要です。

①すぐに手離れする案件であること

②2回目からの依頼は通常価格で受注すること

③お客様のお声、推薦のお声をコメントでもらうこと

【無料で受注する条件①】**すぐに手離れする案件であること**

無料提案は、簡単にできるものに限ります。

もう少し具体的にいうと、**数十分～数時間ですぐに手離れする仕事**であることです。2～3日、もしくは数週間もかかってしまう仕事は、避けた方が良いです。簡単にサクッと終わって、すぐに仕事が手離れするものだけが、無料提案で仕事を受けるための絶対条件となります。

【無料で受注する条件②】**2回目からの依頼は通常価格で受注すること**

無料提案は、クライアントとビジネスの関係性作りのきっかけとなります。

「無料」というクライアントにとってリスクのない形でビジネスの関係性を作り、自分のデザインスキルを提供して、その上で満足する内容であれば、**2回目からの依頼は通常価格での受注という流れを作ります**。

仮にクライアントが満足できない結果であれば、2回目は依頼しなくても構わないというスタンスです。

【無料で受注する条件③】お客様のお声、推薦のお声をコメントでもらうこと

「お客様のお声」「推薦のお声」は、営業する上で非常にインパクトのある素材となります。**お客様のお声を読んで「このデザイナーに仕事を依頼したい」と、依頼のきっかけとなることが非常に多いのです**。無料提案をする代わりに、お客様のお声、推薦のお声をもらうことを条件にしましょう。

そんなお客様のお声は、私たちが日々仕事をしていく上で、常に意識して拾い集めてい

かないと手に入ることはありません。

ただ待っていても勝手に集まるものではないのです。こちらから取りにいかないともらえません。

また、コメントをもらう場合は、写真付きでもらうことも付け加えておきましょう。

無料提案に適した案件とは？

では、具体的に無料提案は、どのような案件がふさわしいのでしょうか。

無料提案に適した案件は、次の2つです。

① 単体のファーストビュー制作

② 複数のファーストビュー制作（セールスコピーも考える）

【無料提案に適した案件①】単体のファーストビュー制作

無料提案をする場合の私のオススメは、ランディングページの**ファーストビューと呼ばれるデザイン画像の制作です**。

ファーストビューとは、ランディングページを開いた時に一番はじめに画面に表示される、第1画面の画像のことを指します。

ランディングページは縦に長く、様々なコンテンツのパーツで構成されています。例えば、ファーストビュー、悩み訴求、悩みを解決するための訴求、お客様や推薦者のお声、特典の画像、問い合わせフォームやボタンなど、それらが一枚のページにまとめられたものがランディングページのデザインとなります。

ランディングページは、Ｗｅｂ広告などで配信され、商品・サービスを売るためや、集客を目的として活用されますが、最も重要なパーツはファーストビューのデザイン画です。セールスコピーがまったく同じでも、ファーストビューのデザインが違うだけで反応率は大きく変わることも珍しいことではありません。

ファーストビューが違うだけで、2〜3倍の結果が変わることもあるぐらいです。それだけインパクトを与えるパーツです。

しかも、ファーストビューの制作だけなら、時間はさほど掛かりません。慣れると1〜2時間で制作を終えることができます。

数時間で制作をしたファーストビューを、現在使っているランディングページのファーストビューと差し替えて使ってもらいます。

こちらが提案したファーストビューのランディングページで反応が以前より良くなると、かなりの確率で今度はランディングページ本体も含めた依頼が来るという流れになります。

その時に、2回目からは通常価格の1案件15万円〜で受注することを条件にしていれば、2回目以降からは高単価で受注できるようになるのです。

【無料提案に適した案件②】複数のファーストビュー制作（セールスコピーも考える）

また、もう少しレベルの高い無料提案のやり方もお伝えしておきます。

基本的には、同じようにファーストビューだけの無料提案になりますが、**複数のデザイン案を提案するというものです。**

まず提案するデザイン案の1つ目は、既存のセールスコピーを用いたファーストビューのデザイン案を提案します。つまり、デザインだけを変更したパターンです。

そして次のデザイン案として、既存のセールスコピーではなく、自分で考えたセールスコピーを用いたファーストビューのデザイン案を提案します。

ランディングページは、縦に長い特徴のあるページですが、その内容を実際に拝見し、**今のセールスコピーよりも、よりユーザーが得られる内容のテキストを探し当て、そのメリットをアピールできるようなセールスコピーを作ってデザインを制作するのです。**

ランディングページを見ると、様々な箇所でたくさんのメリットを訴求するセールスコピーが見つかります。

お客様の声の紹介文などもそうです。

お客様の声は、実際にユーザーが商品・サービスを購入し、使ってみて最も良かった感想が集約されたテキストとなります。極端にいうと、お客様の喜びの声が詰まったテキストをそのままセールスコピーにすることだってできるわけです。

例えば、リバウンドせずに楽にダイエットできるノウハウを販売している起業家や経営者がいるとして、そのランディングページのセールスコピーが次のようなものだとします。

「リバウンドなし！　今より楽にダイエットできるオンラインプログラム」

そして、既存のランディングページの中に、その商品を実際に購入したお客様の声を見ると以下のようなものがあったとします。

「今までいろんな商品を購入しましたが、長続きしませんでした。ですがこの商品を実践したところ、2週間で5kgも痩せることができました！　しかも3ヶ月間一度もリバウンドしませんでした」

この場合、ベース案とは別に「2週間で5kg痩せて、3ヶ月以上リバウンドしないダイエットプログラム」というセールスコピーを作り、それをファーストビューのデザイン案として提案します。

営業力を底上げするテクニック3　初回限定特別割引

テクニックの3つ目、初回限定特別割引は、無料提案型の営業と類似する営業です。基本的に無料提案と同じ流れで行います。

内容はそのままで、「初回に限り割引をしますよ」という提案で、**2回目からは割引なしで依頼を受けます**。

目的は、初回の取引のハードルを下げて依頼しやすくすることです。

ただし、これに関してはいくつかの注意点があるので、覚えておいてください。

まず初回限定割引は、**自分の提供するサービスの単価がある程度高くなったタイミングがオススメです。**

例えば、駆け出しの頃はランディングページ1案件10万円ぐらいでも、ある程度の実績を積んで、1案件20万円ぐらいまで単価を上げられるタイミングなどが良いかと思います。まだ取引をしたことのない新規のクライアントから見て「そこそこ高いな」と思われるようになった場合、初回の取引に限り5万円割引にて提供しますよという流れです。

駆け出しの頃に場数を踏むことを優先するため、あえて割引するのも良いですが、なるべく数回だけにとどめておくことが良いでしょう。

割引は、最も簡単にできてしまうため、ついつい安易にやりがちです。ある程度、場数を踏んだのであれば、割引はなるべく控えたほうがよいでしょう。割引すればするほど、単純に利益が薄くなります。

そのため、1案件あたりの単価がまだ低い場合に割引をしすぎると、薄利多売から抜け出せなくなるので注意してください。

クライアント側から見ても、すでに十分安いのに、そこからさらに安くしてしまうのは**割引の利点も感じにくく、自信のなさが滲み出てしまいます。**

割引は安易にやるのではなく、ある程度単価が高くなったタイミングから本格的に導入するのが良いでしょう。

営業力を底上げするテクニック4 セミナー&勉強会の開催

実践テクニックの4つ目は、セミナーや勉強会を開催して、案件を獲得する方法です。この方法は、数ある実践テクニックの中でも非常に強力な方法です。しっかり習得すると最も結果に繋がる営業の1つです。

これまでセミナーや勉強会に参加して、ポートフォリオを活用してクライアントと繋がり、案件を獲得するという流れをお伝えしてきましたが、セミナーや勉強会自体を自分で開催してクライアントと繋がり、案件を獲得するというものです。

つまり、**クライアントと繋がる場そのものを自分で作り出します。**

この営業法ができるようになれば、案件獲得に困ることはなくなるでしょう。非常に強力な方法なのでぜひトライしてほしいと思います。

とは言うものの、おそらく多くの人が「セミナーや勉強会なんて自分なんかには絶対無理」と思うかもしれませんが、安心してください。私もこの営業法をやる前は、まったく同じような漠然とした不安を感じていました。

Webデザイナーとして独立し、駆け出し1年目の冬の寒い時期に、近所のセミナールームを2時間借りてセミナーを開きました。

テーマは「**読みやすいFAX DMのレイアウト**」というかなりマニアックな内容です。

なぜ、FAX DMなのかというと、たまたまFAX DMのレイアウトの案件を受けて、当時のクライアントから「すごく読みやすい！」と好評を受けたからという単純な理由です。

どのような人が興味を持つのかと思うかもしれませんが、SNSで開催を告知したところ法人・個人合わせて5～6社がわざわざ来場してくださりました。

もちろんセミナーなど開いたこともなければ、参加したことも数回程度しかありません。

つまり、ノウハウはまったくのゼロです。

駆け出しなので、「手当たり次第やったもの勝ち」と自分に言い聞かせていました。

一見、無謀に見えるかもしれません。ガチガチに緊張してしまい、セミナーの内容はズタボロ。

さらに2時間を予定していましたが、40分程度であっさり終了してしまい、慌てふためいた末、フリートークタイムを取り入れて、ただただ世間話をみんなでして解散という時間を過ごしたのでした。

しかし、その翌日にセミナー参加者の1社から問い合わせがあり、3案件ほどランディングページの依頼を受ける結果となったのです。

セミナー&勉強会の開催の5つのメリット

セミナーや勉強会の開催は非常に強力な営業法ですが、ここでは次の5つのメリットをご紹介します。

①簡単に開催できる
②高単価の案件を獲得できる
③自分発信で売上を作れる
④人脈が広がる
⑤専門性の高いポジションを勝ち取れる

【開催のメリット①】簡単に開催できる

私がはじめてセミナーを開催した時はまだオンラインが主流ではなかったため、セミナールームを借りましたが、今はオンライン開催の一択です。

理由は、**開催しやすいからです**。セミナールームを借りなくても良いし、参加者にURLを送るだけで完結します。

これほどまでに環境が整っているのであれば、小さくても良いからやらない手はもはやありません。

しかも、オンラインなので、リアルほど緊張もしません。

休憩時間を挟みながら行いますので、休憩中に深呼吸してお茶を飲みながらリラックスして進められます。

駆け出しの頃の自分から見たら、羨《うらや》ましい気持ちでいっぱいになるほど環境が整っているのです。

【開催のメリット②】高単価の案件を獲得できる

セミナーや勉強会を開催するのは、クライアントと繋がって案件を獲得する目的があるので、セミナーや勉強会の最後は「ランディングページのご依頼を受け付けしています」という旨を伝えます。

そうすることで、「この主催者が実際に制作してくれるのか」となり、ランディングページ制作の流れとなります。

ここでのポイントは、**値引きされにくく、ほかのWebデザイナーと比較されにくいということです**。

セミナーや勉強会に参加している方で「もっと安くしてほしい」と言う人はほとんどいません。こちらが割引をしなければ安くなることはなく、こちらの言い値で受注することになります。

そして初回の取引が高単価であれば、2回目以降も同じ高単価で依頼を受けることができます。

また、開催するセミナーや勉強会に、自分以外のWebデザイナーがいなければ、ライバルと比較されません。金額やクオリティは、比較される対象が目の前にいて、はじめて比較されます。

クラウドソーシングで比較されるのは、比較対象がすぐ隣に並んでいるからであって、その場に自分しかWebデザイナーがいなければ、比較されることは少ないでしょう。

【開催のメリット③】自分発信で売上を作れる

自分を起点にしてセミナーや勉強会を開き、クライアントと繋がり、案件を獲得する最大のメリットが**自分発信で売上を作れることです**。

「来月は、もっと収入を増やしたい」と思ったら、そのたびに開催して案件の獲得に動きます。

これができるようになると、誰かの紹介に頼ったり、クラウドソーシングでただひたすら待つことをしなくて済むようになります。

そのほかにも、自分発信で収入を増やす実践テクニックがありますが、他力ではなく自力で実行できるテクニックをどれだけ習得しているかは、ビジネスを拡大していく上でとても重要なスキルとなりますので、優先して習得していきたいものです。

セミナーや勉強会の開催はその強力な手段の1つとなります。

【開催のメリット④】人脈が広がる

「人脈」は、個人的にはあまり頼りにしたくないものの1つです。なぜなら、人脈がないと案件が獲得できない「他力本願の状態」は、ビジネスの成長と拡大を妨げる要因となるからです。

仮にもっと稼ぎたいと思っても、案件獲得の入り口は自分ではなく、他人となるため、自分でコントロールできません。他人が忙しかったり、ほかのことで手一杯で、あなたに仕事の紹介ができない状態なら、こちらはなすすべがありません。

ですので、人脈に頼りきるのは、極力避けるべきです。

しかし、その一方で人脈を上手く活用することもできます。

おうちWebデザイナーとして、あなたがこれから活動していく中で今後、あらゆる業界・業種のクライアントや仕事に携わります。

その業界・業種の専門家や第一人者と繋がっていると、**これから出会うそれらの業界・**

業種のクライアントと共通の繋がりがお互いの親近感を持つきっかけとなり、結果的に仕事に繋がりやすくなるのです。

セミナーや勉強会を開催を続けていくと、次第に業界・業種の専門家や第一人者が参加するようになります。

さらに、そのような人の仕事をすると、あっという間にその業界で注目されるWebデザイナーとなるのです。

このように他人の権威性を借りる形で、人脈を活用できることも覚えておきましょう。

【開催のメリット⑤】専門性の高いポジションを勝ち取れる

まわりを見渡しても分かる通り、Webデザイナーでセミナーや勉強会を開催している人は、全体でもごく少数派と言えます。

大半のＷｅｂデザイナーは営業が苦手で、デザイン制作だけに集中したいと思っている人が多数派でしょう。私自身も当然そう思っていました。

だからこそ、**セミナーや勉強会を主催する立場になると、注目されるのです。**

自分の専門領域の仕事に関するセミナーや勉強会をすることで、さらに専門領域の専門家としてのポジションが定着していきます。

「訴求力のあるランディングページのデザインなら、○○さんだね」と言われるようになると、市場でかなり強力なポジションを勝ち得たと言えるでしょう。

それはそのまま、**高単価案件の獲得や年商規模の大きなクライアントと繋がるきっかけともなり得ます。**

営業力を底上げするテクニック5　見込み客&顧客のリストを活用

次は、見込み客と顧客リストの活用です。まず見込み客と顧客について解説をします。

見込み客とは顧客になる前のお客様、**顧客**は一度でも仕事の取引をしたことのあるお客様のことを言います。

そして最も素早く仕事の案件獲得に繋がる営業が、**この見込み客と顧客に対しての営業です**。

特に、一度でも仕事のやり取りをしたことのある顧客は、より素早く案件獲得に繋がるでしょう。

理由は、すでに仕事の取引をしているため、「どのようにあなたが仕事をしてくれるのか」「どれぐらいの費用でできるのか」「どれぐらいのスケジュールでやってもらえるのか」「どれぐらいのクオリティで作ってもらえるのか」が分かっているためです。

一度でも仕事の取引をした顧客は、仕事を依頼するためのハードルをすべて乗り越えている状態といえます。

特にランディングページは、どんなタイミングでも必要としていることが多いので有効です。

そして、**重要なのは、こちらからアクションを起こす**ことです。

例えば、このようにアクションを起こします。

「〇〇様　ご無沙汰しております、以前ランディングページを制作させていただきました〇〇です。ただいまキャパに余裕がありまして、宜しければ制作のサポートをさせていただきますので、お気軽にご連絡ください。最近のポートフォリオもお送りいたしますので良ければご覧ください」

というような感じで、こちらから連絡を入れるというのが肝心です。

顧客がその時にランディングページを依頼したいと思っていたとしたら、あっさりと依頼がやってくるでしょう。

また今すぐ必要でなかったとしても、これまであなたがしっかりと仕事をしていたら「せっかくだから何か依頼しようかな」と思ってもくれます。

大事なのは、こちらからアクションを起こすことです。

TVドラマで、営業マンが外回り営業と称して、なぜなのか呼ばれてもいないのに顧客の会社に頻繁に足を運ぶシーンを見たことはあるのではないでしょうか。

私もサラリーマンデザイナーをしていた時、そのＴＶドラマのように、印刷会社の営業マンが特に仕事も用事もないのに、なぜ毎週のように頻繁にやってくるのか疑問に思っていました。

「この人はお茶を飲みにわざわざ遠くからきてるのか」と思っていたのですが、それはまったくの誤解です。

ではなぜ、そのようなことをするかというと、新しい案件が発生したらすかさず確保するという目的のほかに、**顧客から忘れられないようにするため**でもあるのです。

顧客は定期的に訪問しなければ、一度取引した相手であっても忘れてしまうのです。これは私たちＷｅｂデザイナーでもまったく同じことが言えます。

顧客はあなたを忘れる

これは、ぜひ頭に入れておいてほしいのでもう一度お伝えしますが、**顧客はあなたを忘れます**。一度取引したからといっても、ずっと覚えていてはくれません。

定期的に存在をアピールしておかなければ、あっけなく忘れられることになるのです。

外回りの営業マンはわざわざ足を運びますが、私たちWebデザイナーの場合はSNSを活用して「最近こんなデザイン制作しました！」とアピールするのでも効果的です。SNSを頻繁に見る顧客であれば「あ、そういえばあの案件、誰かに依頼しようと思ってたんだ、○○さんにまた声をかけてみよう」となります。

「でも、SNS更新するの面倒だし苦手だからなぁ」というのであれば、メールやチャットなどで定期的に連絡すると良いでしょう。

このように定期的に連絡を取って忘れられないようにすることが大事ですが、多くのWebデザイナーは一度納品したら、自分から連絡を取ろうとしないのです。

これは非常にもったいないとしかいえません。

顧客に営業すれば、メールやチャットで簡単に案件の依頼が来るのにも関わらず、まだ出会ったことのない新しいお客様を時間と労力とコストをかけて探すのですから、極めて非効率です。

それではいつまでもリピート依頼をされないのは当然といえます。

せっかく一度でも仕事の取引をした顧客がいるのであれば、是が非でも2回、3回とリピートに繋げていきましょう。5回、7回、10回と繰り返しリピートされることで、ようやく忘れられないＷｅｂデザイナーの立ち位置を確保できるようになるのです。

見込み客の活用法

次にお伝えするのは、見込み客の活用法です。

見込み客とは、先ほど述べた通り、顧客になる前のお客、顧客候補という位置付けになります。

世の中には様々な規模の企業や多種多様な業種・業界の経営者がいます。

本書では、それらを「その他大勢のビジネス」と呼ぶことにしますが、その他大勢のビジネスが私たちＷｅｂデザイナーの顧客になるステップを示すと、次の通りになります。

・その他大勢のビジネス
⬅
・見込み客
⬅
・顧客

このステップを流れを経て、顧客になるのです。

一番素早く案件獲得に繋がりやすいのが顧客となり、その次は見込み客となります。そして、一番繋がりにくいのが、その他大勢のビジネスとなります。


イメージしてもらえれば分かりますが、例えば「私はランディングページが作れます！今ご依頼いただけるとファーストビューのB案を無料で作成しますよ！　限定3社となります！　お早めにご依頼ください！」と言って街中駆け巡ったとします。

この場合、おそらく誰も興味を示すことはないでしょう。

むしろ「この人、大丈夫？」と心配されるのではないでしょうか。

極端に言うと、その他大勢のビジネスに対して営業することは、徒花《あだばな》になりかねません。ですので、まずはその他大勢のビジネスの中から見込み客となる人を引き上げ、その後に見込み客に営業をするステップを踏むことが大事なのです。

あなたと仕事の取引をしたことがある顧客は、あなたに依頼するとどんな結果が得られるかがすでに分かっているので仕事に繋がりやすと説明しましたが、では見込み客はどうでしょうか。

見込み客は、仕事の取引をしたことがなくても、「あなたがどんなデザインを作れるのか」「あなたの制作の費用感はいくらぐらいなのか」「スケジュールはどれぐらいなのか」を何となく分かっている状態です。

要するに、あなたの提供するサービスに何かしらの興味を持っている人です。

簡単に言うと、あなたの提供するサービスに何かしらの興味を持っている人にアプローチをすると、案件獲得に繋がりやすいということです。

見込み客と繋がる2つのテクニック

では、見込み客とどうやって繋がっていくのか。
これにはいろいろな手法や捉え方があるので1つずつお伝えします。

①SNSで繋がる
②コミュニティで繋がる

【見込み客と繋がるテクニック①】SNSで繋がる

WebデザイナーでSNSを利用している人も多いですが、SNSも見込み客と繋がる手段の1つとなります。

例えば、あなたが自分のデザインサンプルをSNSにアップし、それに興味を持ったその他大勢のビジネスの誰かがあなたをフォローしたとします。

この場合、すでに見込み客と繋がったことになるのです。

SNSをビジネスに活用するなら、見込み客がどんなデザインに興味があるのかを知り、その人がフォローしたくなるような投稿をすると、より繋がりやすくなるでしょう。

これも例えですが、楽天ショップを運営している経営者と繋がるために、楽天ショップの販売ページのデザインサンプルを何度も投稿していると、その経営者からフォローされやすくなります。

実際にSNSでそのような投稿をしていると、知らない経営者から制作の問い合わせがやってくるのも、そのような理由があるのです。

逆に、誰かに対しての悪口やネガティブなコメントをしていると、見込み客が離れていくので、控えたほうが良いでしょう。

コミュニティで繋がる

SNSもそうですが、ネット上には様々なコミュニティが存在します。

先に述べた通り「コピーライティング勉強会」「マーケティング勉強会」「ECショップ勉強会」など、多種多様なコミュニティが至るところにあります。

そのようなコミュニティで知り合い、SNSで相互フォローするとこれも見込み客と繋がったことになります。

私も人脈がゼロの頃、いろんなコミュニティで学び、そこで知り合った人とSNSで相互フォローをしていました。

そして、キャパに余裕がある時などは「ただいま案件を受け付けしています。興味ある方はメッセージください」とSNSの投稿をしました。

すると以前、SNSで相互フォローした方から「投稿拝見しました、ランディングページの相談をしたいのですがご都合いかがでしょうか？」と連絡がくるのです。

こんなことはとてもありきたりで、ごく普通にあることです。
ただし、誰とも繋がっていない、見込み客がいない状態で投稿しても、それはその他大勢のビジネスに向かって言ってるようなものですので反応はないでしょう。
大事なのはその他大勢のビジネスに営業するのではなく、まず見込み客と繋がり、見込み客に営業をすることなのです。

もう少し攻めていきたい場合は、まったくやり取りをしたことがない人でも、自分からフォローして、その後、

「○○様　はじめまして、○○と申します。いつも投稿やメルマガなども拝見させていただいております。内容に共感しますので、ぜひフォローさせていただければと思います。これからもコンテンツを楽しみにしていますので、どうぞ宜しくお願いいたします。」

と、丁寧にメッセージを送ることで、自ら繋がりを作ることもできます。

駆け出しの頃は当然、私も何十回と積極的に見込み客となり得る人と繋がりを作ってい

ました。もちろん、それがきっかけで案件獲得にも繋がっています。

見込み客リストを作るとさらに強力

SNSを活用し、相互フォローを増やすのが見込み客と繋がる手段の1つですが、自分だけの見込み客リストを作るのも効果的です。

見込み客リストとは何かというと、見込み客のメールアドレスなどをリスト化するというものです。

リスト化することで得られるメリットは、見込み客を顧客に変えやすいことです。

なぜ、見込み客リストを得ることで、見込み客を顧客に変えやすいのかというと、それは**自分発信で見込み客にアプローチできるためです**。

例えば、見込み客のメールアドレスなどをこちらが取得していると、いつでも見込み客にメルマガなどで営業をかけられるのです。

先ほどのSNSの投稿でもあったように、「現在キャパが空いているので、ランディングページの相談をしたい方はご連絡ください」とこちらから打ち出すことができます。

また、見込み客リストにメルマガで営業をかけることが、SNSの投稿と違う点は、プッシュ型営業であるということです。

営業には、2つの種類があります。1つがプル型営業、もう1つがプッシュ型営業です。

プル型営業とは、受け身の営業になります。

受け身とは、見込み客が案件の依頼をちょうど考えているかどうかが優先されるものです。見込み客のその時々のタイミング次第で決まります。要するに待ちの姿勢です。

例えば、SNSやブログなどで案件募集の投稿をすることは、プル型営業です。いくらSNSやブログを投稿しても、そのタイミングで見込み客が忙しくてSNSやブログを見ていなければ効果は期待できません。つまり、結果をコントロールしにくい営業といえます。

プッシュ型営業は、攻めの営業です。

受け身とは逆に、こちらのタイミングでいつでも営業を実行できます。「今月はもっと案件を受けられるな」と思うのであれば、その都度、メルマガなどで案件の募集を発信できるのです。

見込み客がどこで何をしていようが関係なく、タイミングの主導権はこちらで握ることができ、営業をコントロールできる状態にあります。

プッシュ型営業をコントロールできると、「来年は今年よりも1・5倍売上を拡大するぞ」というように、ビジネスを意図的に成長させることが可能になります。

いつ売上が上がるか分からない状態は、ビジネスをコントロールしているとは言えないのです。

成功の鍵は「見込み度の濃い」見込み客リスト

ここからは、おうちＷｅｂデザイナーがどのように見込み客を集め、見込み客をリスト化し、プッシュ型の営業を実行できるようになるのかをご説明します。

これからお伝えする内容は、フリーランスで売上を安定させるための効果的な戦術となりますので、ぜひじっくりご覧ください。

これを実践できるようになると狙って収入を増やせるようになるため、「今月収入がピンチだ」という状況でも、自力で乗り越えられるようになります。

まず、見込み客へのプッシュ型営業を成功させる上での最大の鍵は、**「見込み度の濃い」見込み客リストの確保になります**。

「見込み度の濃い」見込み客とは、例えば、ランディングページを依頼したいと思っている経営者や、セールスコピーを書いてるけど自分でデザインできない経営者、あるいはＷｅｂデザイナーに依頼したが、デザインに納得していない経営者などが該当します。

そのような見込み客リストをどれだけストックしているかが、成功の鍵となります。

見込み客リストの作成に必要な3つのもの

では、次にどのようにして、見込み客リストを作るのかをお伝えします。

魚釣りをイメージしてもらうと分かりますが、見込み客リストを作る際は、次の３つが必要になります。

①餌＝ポートフォリオ
②釣り竿＝ランディングページ
③釣り場＝コミュニティ

この3点セットを用いて、見込み度の濃いリストを作ることができます。

【リスト作成に必要なもの①】餌＝ポートフォリオ

「餌」とは、これまでお伝えしてきたポートフォリオです。

ポートフォリオを提供する代わりに、自分の見込み客になってもらいます。これをビジネスでは「オファー」と称されます。オファーとは、ビジネス上での取引の条件という意味です。

餌であるポートフォリオの質が良いと「魚＝見込み客」も釣りやすく、効率的に見込み客リストを作成できます。

どのようなポートフォリオが良いかは、前章でお伝えしているので詳細は省きますが、どのような見せ方をするかを紹介します。

結論からいうと、**ポートフォリオは、有形のプロダクトとして目で見えるようにしていくことが重要です。**具体的には、書籍の表紙を作って、それをポートフォリオとして表に出すということです。

このようなデザインをモックアップ（模型）といいます。

工業製品では、中身のシステムや仕組みがまだ未完成のままで、外見だけが完成に近い形を現したもの、つまり模型です（Ｗｅｂアプリやサイトの完成前の試作品をモックアップと呼ぶこともあります）。

ポートフォリオを実際に手に取って見えるような、紙媒体のカタログのように有形化することで、見込み客に

■ポートフォリオ表紙サンプル

一体どのようなものが手に入るのかを視覚化して伝えることができるのです。

この**視覚化できる**ことが大事です。見込み客に一体どのようなものが手に入るのかを言語化するだけでは足りません。

そのためにポートフォリオのモックアップを作り、有形化して目で見て「手に入る感」をアピールすることで、見込み客が得られる具体的な価値を明確に伝えることができます。

実際のポートフォリオは、何ページもの枚数で分けられたＰＤＦで構成されたものになります。

モックアップを作る際のポイントは、表紙のデザインがＥｘｃｅｌやＷｏｒｄで文字だけが並んでいる簡素なものではなく、**一目見ただけで見込み客にとってのメリットが伝わるように、しっかりデザインされたものであることです。**

■NGなポートフォリオの表紙サンプル

デザインはされているが、一目見て一体どのような内容なのか理解できないものはNGです。

見込み客はじっと眺めてはくれません、一瞬で伝わらなければ通り過ぎていきます。

しっかりと価値が伝わるようにモックアップを作成することが大事なのです。

【リスト作成に必要なもの②】釣り竿＝ランディングページ

次に見込み客を獲得してリスト化するために必要なものが、ランディングページです。

前章で、おうちＷｅｂデザイナーの主力サービスには、ランディングページ制作が最適だとお伝えしましたが、実際に見込み客にポートフォリオを申し込んでもらうためには、自分にもランディングページが必要です。

例えば、ランディングページを「釣り竿」と表現すると、分かりやすいと思います。

ランディングページという釣り竿にポートフォリオという餌を付けるイメージです。

ランディングページの元となる素材は、テキストの原稿、つまりセールスコピーになります。

セールスコピーと聞くと「自分は文章が苦手だからな……」と思われる方も多いと思いますが、そこまで完成度を高める必要はありません。

最初は書ける範囲でまったく構いません。

では、自分のランディングページで書くべき3つのカテゴリーのセールスコピーについて説明します。

3つのカテゴリーだけなので、長いランディングページではなく、短く簡易的なランディングページを目指します（人によっては、これをショートランディングページと呼んだりもします）。

ショートランディングページの利点は短時間ですぐに完成する点です。見込み客を獲得する際のお試し用のランディングページとして私もよく活用します。

もっと深掘りしようとすれば、いくらでもできますが、まずは完成度も低くて良いので完成させることを意識していきましょう。

このポートフォリオは誰のためのものなのか？

ポートフォリオを誰にもらってほしいのかを具体的に言語化し、テキストに起こしていきます。

では、誰を設定するのかと言うと、前章でお伝えしたコアターゲットが該当します。「すべての人」や「すべての企業」など、欲張って幅広くターゲットを広げてしまうと誰にも刺さらないランディングページとなるので注意しましょう。

具体的にどのような経営者や企業なのかをテキストで記します。

・セールスコピーライターの方へ
・広告代理店の運用担当者の方へ
・起業塾の主催者の方へ

次にさらにターゲットが抱える悩みや考えていることなどを付け加えると、より刺さりやすくなります。

・ランディングページのデザインが作れなくて困っているセールスコピーライターの方へ
・ランディングページのデザインをたくさん必要としている広告代理店の運用担当者の方へ
・コピーの価値が伝わらないランディングページのデザインで困っているＷｅｂマーケターの方へ

こう書くと少しくどいかなと思うぐらいではじめは大丈夫です。

「◯◯の方へ」よりも「◯◯で困っているｏｒ悩んでいる◯◯の方へ」のほうが、当事者にとっては「まさに私のことだ」と思ってもらえるので、少しくどいぐらい付け加えておくと良いでしょう。

■ポートフォリオのイメージ

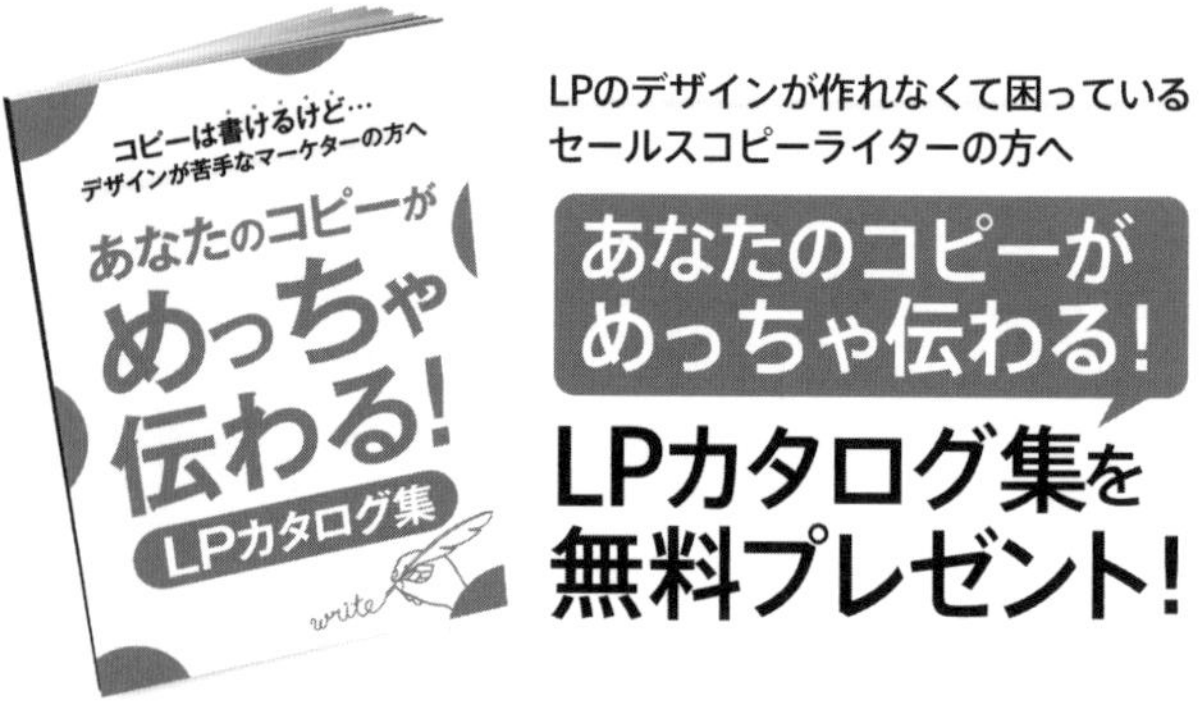
コピーは書けるけど…
デザインが苦手なマーケターの方へ
あなたのコピーが
めっちゃ
伝わる！
LPカタログ集
write
LPのデザインが作れなくて困っている
セールスコピーライターの方へ
あなたのコピーが
めっちゃ伝わる！
LPカタログ集を
無料プレゼント！

そして、そのターゲットを明確に設定した後は、この「ポートフォリオを無料で差し上げます」という意味が伝わるセールスコピーをランディングページの冒頭で伝えます。

「無料」と「プレゼント」という言葉は、昔から広告の世界で広く長く使われ続ける強烈な言葉ですので、見込み客リストを構築する際などに、何か無料で提供する際は積極的に活用すると良いでしょう。

●このポートフォリオを活用するとどんなメリットがあるのか？

次は**このポートフォリオを活用するとどんなメリットがあるか**を文章化していきます。

文章を書く時のポイントは、はじめに箇条書きで書いていくことをオススメします。

- ランディングページ制作の時の参考となる
- デザイナーに発注する際の資料になる
- セールスコピーのレイアウトの参考となる
- どんなデザインにどんな写真が使われているか参考になる

・業界業種によってのデザインのバリエーション
　が分かる

箇条書きした後は、このポートフォリオを見ることで、「こんなメリットがあります」というのが分かるように見出しを添え、少し箇条書きを整えて使うことができます。

ほかにも実際にランディングページの反応率が上がったデザインの事例などがあれば、さらにポートフォリオの質を底上げする素材となります。

そのような事例があれば「反応率が2倍アップした事例も公開！」などと添えると、より強力なランディングページへと進化するでしょう。

■見出しのイメージ

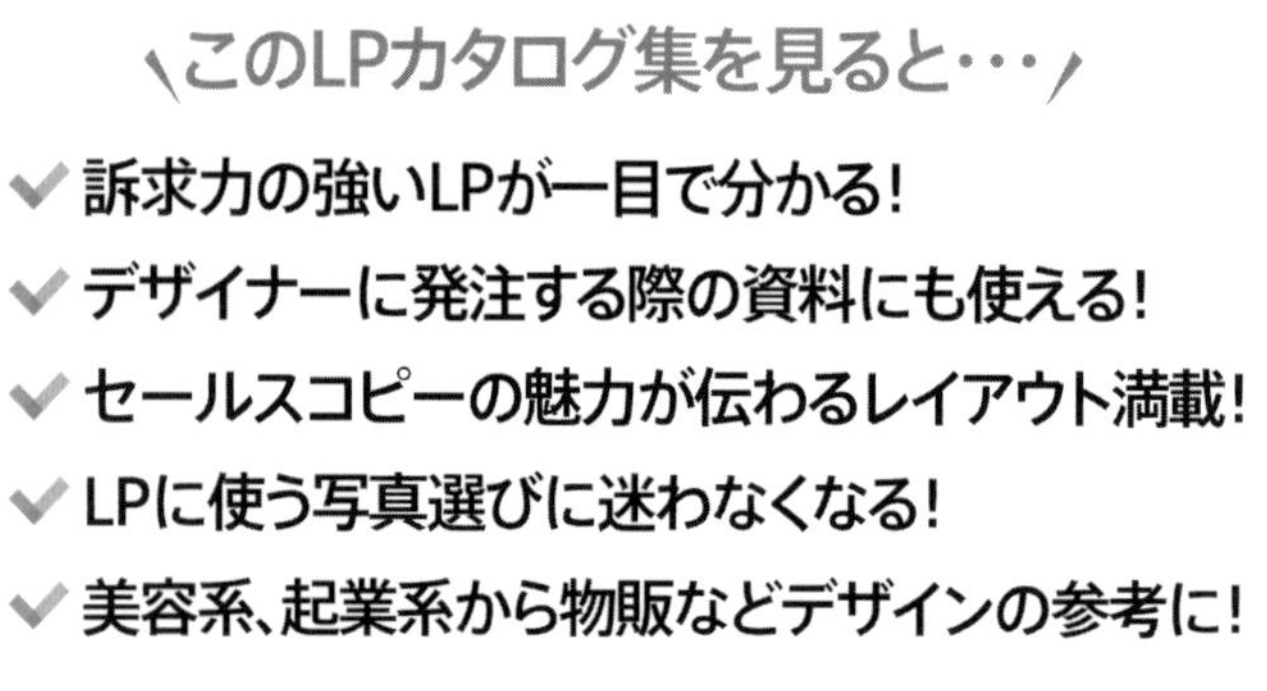
このLPカタログ集を見ると・・・
訴求力の強いLPが一目で分かる！
デザイナーに発注する際の資料にも使える！
セールスコピーの魅力が伝わるレイアウト満載！
LPに使う写真選びに迷わなくなる！
美容系、起業系から物販などデザインの参考に！

このポートフォリオを制作した人のプロフィール

3つ目のカテゴリーの文章は、**自分のプロフィール**を入れ込みます。

プロフィールは、自分の生きた証《あかし》やデザインに対する想いを文章で表します。商品・サービス、それを販売するために必要なランディングページは真似しようとすればいくらでも真似できます。ですがプロフィールは、真似できるものではありません。自分という人間はこの世で一人だけですので、生まれてから自分とまったく同じように、同じ経験をしてきた人はいないのです。

私も含め、駆け出し当初は実績や経験もないので、まわりに誇れるような文章を書ける自信はありません。

そこで重要なのが、デザインに対する想いを伝えることです。

その場合、見込み客から見てポジティブな印象を与えるような想いが好ましいです。

私の駆け出しの頃のプロフィールの文章は、このような内容です（少しだけ編集しています）。

プロフィール

集客・セールスに特化したランディングページをメインに制作するセールスデザイナーとして活動。

コピーの魅力を最大限引き出すデザインを得意とし、美容系・ビジネス起業塾系・物販系・スピリチュアル系など幅広いジャンルの集客のためのデザインを手がける。

中でも起業家・経営者の書いたコピーの魅力を伝えるデザインが得意分野で、マーケター、コンサルタント、コピーライター、広告代理店などコピーを書く人のデザインパートナーと自負している。

デザインに対する想い

大半のデザイナーは「カッコイイ」「キレイ」「オシャレ」なデザインを追求し、デザイナーのポートフォリオ（作品集）がセンスの良い集合体になるよう目指してしまい、デザインを作るゴールが間違っているように思います。

私は起業家・経営者が求めるデザインとは「広告の反応を上げて売上アップに繋がるかどうか」それ以外に答えはないと確信しています。

起業家・経営者が書いたコピーをデザインに起こす際に重要な点は、２つ。

①商品・サービスを買うことで得られるメリット・ベネフィットを伝えられるかどうか

②業界業種独自の市場の雰囲気に合わせられるか

特に集客・セールスに必要なデザインにおいては、商品・サービスを買うことで得られる価値を一目見て伝えられるかどうかは非常に重要です。

集客・セールスのためにデザインを必要とする方は原稿をお持ちの上、ぜひお問い合わせください。
※毎月ご相談を承る数に限りがございますので、ご了承のほど宜しくお願いいたします。

LPのデザインが作れなくて困っている
セールスコピーライターの方へ
あなたのコピーが
めっちゃ伝わる!
LPカタログ集を
無料プレゼント!
あなたのコピーが
めっちゃ
伝わる!
LPカタログ集
このLPカタログ集を見ると・・・
訴求力の強いLPが一目で分かる!
デザイナーに発注する際の資料にも使える!
セールスコピーの魅力が伝わるレイアウト満載!
LPに使う写真選びに迷わなくなる!
美容系、起業系から物販などデザインの参考に!
LPカタログ集を
無料請求する

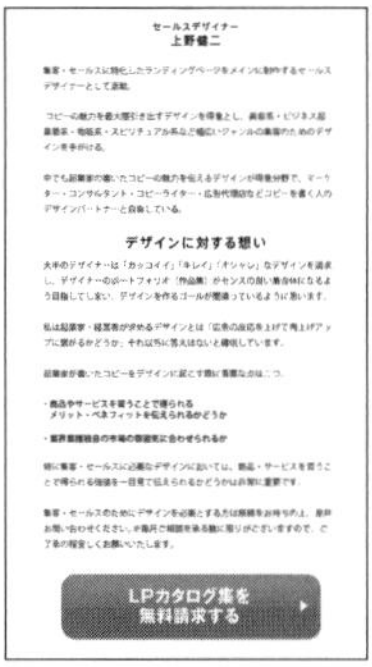
セールスデザイナー
上野健二
デザインに対する想い
・商品やサービスを買うことで得られる
メリット・ベネフィットを伝えられるかどうか
LPカタログ集を
無料請求する

いま見ると、少し硬い印象も受けますが、駆け出し当時は実際に頭が固かったのでそうなったのでしょう。

また、想いの部分の書き方は誰かの真似ではなく、ありのままの自然体で書いたほうが良いと思います。

うわべを取り繕うような書き方をすると、実際に案件を獲得して仕事をする際には、ありのままの自分でいられないようになり、息苦しくなりがちです。

もちろんビジネスとしての礼儀などは必要ですが、あくまで自分の言葉を選んで書くことをオススメします。

また最後にランディングページの制作も受け付けているということを匂わす内容を入れておくと、実際にカタログを見て依頼したいと思った人から声も掛かりやすいです。

以上のカテゴリーの文章を用意したらボタンやフォームを取り付けて完成となります。

【リスト作成に必要なもの③】釣り場＝コミュニティ

ポートフォリオとポートフォリオのランディングページができたら、次は釣り場となるコミュニティで実際に見込み客を釣っていきます。

オンラインで参加できる勉強会や交流会で、自己紹介がてらにランディングページをさらっと紹介すると良いでしょう。オンラインの異業種交流会などがあれば、一度試しに紹介してみるとすぐに反応が分かります。

ほかにもSNSなどをしている場合は、プロフィールにポートフォリオのランディングページURLを記載しておいて、自分のプロフィールを見た人がすぐにクリックできるようにしておくことも必要です。

ブログやホームページを運営しているのであれば、バナーを張り巡らして、どのページからでもランディングページにアクセスできるようにしておきます。

そうしておくと、徐々に見込み客リストが構築されていくのです。

見込み客リストがある程度溜まったら、定期的に「ランディングページの制作の受注をしています」という旨のメッセージを配信して自分発信、自分のタイミングで案件獲得を目指します。

営業力を底上げするテクニック6 ジョイントベンチャー

6つ目の実践テクニックは、ジョイントベンチャーです。Joint《ジョイント》 Venture《ベンチャー》の頭文字を取ってJVと略され、企業間同士で出資して新しい会社や事業をスタートさせることを指します。

このJVも強力な営業手段で、**JVを機に自分一人では抱え切れないほど、案件を獲得することもあります**。

「企業間同士で出資して……」と聞くと、自分の身の丈に合わないと思われる方もいらっしゃると思いますが、そのようなことはありません。身の丈に合わせて解釈すれば良いのです。

会社を作るのではなく、誰かと新しい事業としてランディングページ制作サービスをやってみようというもので良いのです。

私も駆け出しの頃、何度かＪＶモドキのようなことをしていました。

ここからは、当時のような身の丈にあったＪＶの要点についてお伝えしていきます。

先ほどお伝えしたように、ＪＶは「企業間同士」という意味が含まれています。つまり、自分と自分以外のほかの誰かと共同でビジネスを行うというものです。

ビジネスの感度が高い人は、すぐに**あることを気にする**かと思いますので、少し説明します。

それは、誰かと一緒にビジネスをするのは危険だということです。

詳しくお伝えすると、ビジネスを立ち上げたり、起業したりするのは、ほかの人と一緒に行うべきではありません。原則として、自分一人で立ち上げて始めるべきです。

駆け出しの頃など、ビジネス経験値がない頃は不安のあまり、誰かと共同で何かを始めようとしがちです。

昔から仲の良かった友人と新しくビジネスを始めようとしたり、偶然知り合った顔の広いどこかのビジネスマンに声をかけられて始めようとしたりなどです。

昔から起業の世界ではよく語り継がれることですが、これは失敗するケースが非常に多いです。

理由は様々ありますが、特に失敗の原因となるのが次の3つです。

- 仕事に対する価値観の相違
- お金のトラブル
- 業務負担のバランスが偏る

特に、お互いが起業初心者であれば、なおさら失敗する確率が高まります。

ではなぜ、その上でJVが良いのかをお伝えしていきますが、結論から言うと、ここでお伝えするJVは共同事業であるように見えて、実は**成功報酬という歩合制の事業**だからです。

成功報酬とは、実際に成約したら、そのたびにお金を支払うということです。成約しなければ、1円もお金のやり取りが発生しません。

事業というと、若干堅苦しいようにも感じるので、○○サービスと考えてもらっても構いません。


ＪＶをする目的は、高単価のランディングページの依頼を数多く獲得するためです。

そして、ＪＶで大きな結果をもぎ取る上で最も重要なのが、**誰とＪＶするか**です。

では、誰がＪＶをする相手にふさわしいかというと、**ＪＶをする相手はランディングページの依頼をしたい顧客をたくさん抱える人**です。

前述のコアターゲットとすべき人で紹介した5つのタイプの人が実際に多く該当しているのが分かります。

ＪＶをするための3つの条件

次にどうやってＪＶをスタートするのかについてですが、これは単純に自分から提案することが手っ取り早いです。

ＪＶしたい相手に言わなくても、「もし良ければ、私のランディングページ制作サービスをメルマガなどでご紹介していただけないでしょうか」とシンプルにお伝えしていきます。

また、紹介していただいた際は、成約したら報酬をお支払いするということも伝えることが肝心です。成功報酬の金額が大きいほど、ＪＶしてくれる確率も大きくなるでしょう。

ただし、ＪＶするには、以下を条件をオススメします。

①新規案件のみ、成功報酬として売上の何割かを支払うこと
②成功報酬は納品後にもらった金額から支払うこと
③ランディングページの原稿が用意されていること

大事な点ですので、１つずつお伝えしていきます。

【JVの条件①】新規案件のみ、成功報酬として売上の何割かを支払うこと

成功報酬は、ランディングページの制作で売上があり、その中の何パーセントかを支払うことが条件です。

実際によくあるのがおよそ10％、高くても20％程度となります。

もちろん、この成功報酬の割合が高ければ高いほど、ＪＶに協力してくれる人も多くなるでしょう。

この時、ＪＶのパートナーに成功報酬の金額を提示をする際は、「売上の20％を差し上げます」というだけではなく、**なるべく魅力的に感じられるように伝えることが肝心です。**

例えば、次のようなものです。

「20％を成功報酬とさせていただきますので、毎月５人成約すれば○○万円、10人成約すれば○○万円、15人成約すれば○○万円を毎月成約するごとに継続してお支払いします」

というようにより具体的にイメージできるよう魅力を伝えることです。

ただし、その場合でも成功報酬は新規のクライアントの成約に限ることを絶対条件とします。

2回目、3回目、4回目とリピートが続く場合、成功報酬を含んでしまうと大きく利益を取りこぼしてしまいます。

逆に2回目以降のリピートも狙える場合は、新規で受注したときの成功報酬をもっと高くしても良いでしょう。

また、JVでランディングページの制作サービスを始める場合は、**サービスの価格を少し高めに設定しておくことも大事です**。

サービスの価格自体がそもそも低いと、成功報酬で支払う金額も小さくなってしまうので、JVのパートナーにとって魅力が薄れてしまいますし、自分が受け取れる金額も微々たるものになってしまいます。

JVは案件獲得に発展しやすいので、高めの価格設定をしていくことが吉です。

【JVの条件②】成功報酬は納品後にもらった金額から支払うこと

次は、成功報酬を支払うタイミングについてです。

成功報酬は自分が全額を受け取ってはじめて、パートナーに支払うことをルール化します。

起業してビジネスを行う上で、**お金をもらうタイミングは絶対に安易に考えてはいけない最重要事項の1つです**。

いくらたくさん売れたからといって、その金額がはるか遠い未来に支払われるのであれば、それはただのリスクとしか言えません。

なぜ、リスクなのかというと、毎月の支払いは常に発生するのに、入ってくるお金がはるか遠い未来であると、あっけなくキャッシュがショートします。つまり**潰れてしまいます**。

よくニュースでも取り上げられる黒字倒産は、その最たる例です。

お金をもらってから、支払いをすること。

フリーランスや資金の少ないスモールビジネスでは、ことさら大事です。資本力が少ないうちは絶対死守するビジネスのルールとなりますので、ぜひ意識しておいてください。

ＪＶにおいても、この絶対ルールを厳守するということです。

また、成功報酬もそのたびに支払うと手数料が高くなるので、月末にまとめるなどもルールとしていくことが大事です。

【ＪＶの条件③】ランディングページの原稿が用意されていること

ランディングページの依頼を受ける際は、お客様の原稿が完成していることを前提とします。

間違っても駆け出しの頃に、原稿までサポートしてはいけません。ＪＶするパートナーにも、**原稿が完成した状態で、自分に依頼するように事前に頼んでおきましょう**。

また、ランディングページの制作サービスをJVとしてスタートする前には、お客様の原稿を元にデザインするのであって、原稿を書いたり、サポートするのではないことを定義し、お互いで共有しておきます。

そうすることで、こちらはデザインだけに集中でき、高単価で数を捌くことができるので大きく売上が増えるのです。

その結果、JVパートナーにも大きな報酬を渡すことができます。

なお、いきなり顧客をたくさん抱えるコアターゲットを見つけて、「JVしましょう」などと言ってはいけません。

まずはコアターゲット自身の案件を受注して、その後も何度もリピートしてもらい、ある程度のビジネスの関係性が構築できたタイミングでJVの提案をするのが理想的です。

時々、相手の方から「JVのようなことをしよう」と提案されることもありますが、その場合においても先にお伝えした条件は必須となるので、事前に承諾を得ておきましょう。

営業は時間軸で選ぶ

最後に、これまでお伝えしてきた営業の実践テクニックは、どのような割り振りで実行すべきかについてまとめます。

具体的には、時間軸で選んで営業活動を行うと良いでしょう。これまでご紹介した営業法を当てはめると、次のようになります。

●数時間ですぐに実行できる短期戦の営業（全体の50％）

メール営業、勉強会・交流会などのコミュニティ参加、無料提案・割引モニター、顧客リストの活用などに、営業にかける時間の50％を割り当てます。

●数日かかる中期戦の営業（全体の30～40％）

無料提案・割引モニター、ＪＶに、時間の30～40％を割り当てます。

1〜2週間かかる長期戦の営業（全体の10〜20％）

勉強会・セミナーの開催、見込み客リスト構築と活用などに10〜20％を割り当てます。

おうちWebデザイナーにとって時間は、生命に関わる大事なリソースです。毎週、毎月どのように動いて、どの営業がどれぐらいの成約率になるのかは、実際に場数を踏む以外に答えは見えません。

特に駆け出しの頃は、数ヶ月掛かるような営業は避けてください。長期戦の営業であっても、最大で1〜2週間が限度です。なぜなら長く時間をかけて失敗すると取り返しのつかない致命的なダメージとなるリスクがあるからです。

また、**なるべく細かく場数を踏むことも大事です。**おうちWebデザイナーとして駆け出しの頃にスピード感のある営業ができていると、ビジネスが成長した後もスピード感を持った動きができます。

逆にスピード感を伴わない緩慢《かんまん》な動きが身に付いてしまうと、非常に厄介《やっかい》です。仕事も遅い、営業も遅い、すべてが遅いと何をしても上手く行く確率が減ります。

営業はある意味、確率論ですので、10回やるのと、1回しかできないのとでは結果が大きく変わります。


これらを加味した上で、私がオススメしたいのが、前にお伝えした**営業10回ノルマ**です。

1週間のうちに必ず10回の営業をするという絶対ルールなので、短期戦〜長期戦の営業のバランス配分をコントロールして実行できます。


営業10回ノルマは、1ヶ月続けただけで40〜50回の営業経験値も積み上がるため、単純に営業への抵抗感も薄れて、サクサク実行できるようになります。

また40〜50回もPDCAを繰り返しながら営業すると、そのどれかの打ち手で何かしらの結果が出てきます。

そして結果が出ると、結果が出たことと同じような営業を繰り返します。依頼に繋がった業界業種だけに集中する、似たようなタイプのクライアントに絞るなど、成功例をロールモデルとして繰り返すイメージです。

そうすることで、結果を積み上げていくのです。

おうちＷｅｂデザイナーは、時間が大事なリソースです、時間軸を意識して細かく動いていきましょう。

第 7 章

料金表・スケジュール

料金表には最低価格の目安を記す

おうちＷｅｂデザイナーとして仕事をしていく上で必要なのはポートフォリオですが、それだけではありません。

もう1つ必要なのが、**料金表**になります。

実は、この料金表はとても重要なツールとなります。商品に値段が付いているのと同じように、私たちの仕事にも値段を設定しなくてはいけません。

しかし、デザインには仕入れがなく、制作前には形として目に見えないため、おうちＷｅｂデザイナー自身も値段が付けにくく感じてしまいます。

特に、おうちＷｅｂデザイナーとして活動するにあたって、駆け出しの頃はついつい安請け合いしてしまったり、最悪の場合、タダで依頼を受けてしまうこともやりがちです。

駆け出しの頃は、稼ぐことよりも実践の場数を積み上げるほうが大事なので、なるべく低価格で依頼を受けることは、戦略として有効なことを前にお伝えしました。

それでも1回目だけ低価格で依頼を受け、2回目からは本来得たい報酬である通常価格で受けることを前提とします。

ここで大事になるのが、料金表です。

料金表を作る際は、次の2つのことに注意してください。

① 最低価格の目安を伝える
② 価格を固定しない

【料金表の注意点①】最低価格の目安を伝える

料金表を作る時は、まず1案件あたりの**最低価格の目安**を記します。

例えば、「〇万円以上から」というような表記方法です。

具体的に、ランディングページの制作を例にすると、「ランディングページ 1本10万円〜」を料金表に記します。

このように料金表に記すと「私に依頼する場合は、ランディングページの制作料金は最低でも10万円以上からですよ」ということを伝えたことになります。

また、この最低価格の目安は、あなたがランディングページの依頼を受けた際、最低でもこの金額はほしいという価格の基準を設定することが大事です。

ランディングページは縦に長い特徴がありますが、中にはどこまでスクロールしても延々と続くものまであります。どれだけ短くてもどれだけ長くても、最低でも◯万円からの料金で依頼を受けるというルールのようなものです。

このように最低価格の目安を伝えた上で、お客様から依頼の相談が来たら、お客様は10万円以上掛かることを想定して相談をしていることになります。

あなたも当然10万円以上でお見積りを出せることになります。

おうちWebデザイナーとして活動する際、制作料金の交渉は避けて通ることは決してできません。

制作料金の交渉は、心理的に一番負担のかかる仕事であり、「高いと思われないかな……」と、不安で胸が苦しくなることもよく分かります。

しかし、最低価格の目安を伝えた上での依頼の相談であれば、打ち合わせのスタート地点からすでにお客様もそれを承知しているため、あなたは不安にならずに堂々とお見積りを出しても良いのです。

また、この最低価格の目安がない状態で依頼の相談が来てしまうと、お客様は自分の頭の中にある価格の目安を基準としているので、せっかく制作の打ち合わせをしたとしても、制作料金の話になると「そんなに高いのか」と依頼をキャンセルすることにもなります。

また、バナーやSNS画像、ランディングページのファーストビューと呼ばれるデザインのトップ画像の制作料金なども料金表に最低価格の目安を記しておいてください。

【料金表の注意点②】価格を固定しない

料金表を作る際に、はじめから「ランディングページ 1本10万円」のように**価格を固定するのは、NGです。**

価格を固定して料金表に記してしまうと、お客様は「あ、10万円なんだ。じゃあ、依頼しよう」となった場合、とんでもない長さのランディングページの依頼が来てしまうこともあります。

つまり、想定していた以上の分量の依頼が来ても、10万円で制作する流れで話が進んでしまいます。

もし後で「すみません、この分量だと20万円ほどになります」と言おうものなら、「1本10万円って書いてるやんか！」とクレームになりかねません。

少し極端な例かもしれませんが、私が実際に経験してきたのであえてお伝えしますが、特にWebデザイナーに仕事を依頼したことがないお客様ほど、後々トラブルになることがあります。

スケジュールも目安を伝える

お客様がＷｅｂデザイナーであるあなたから知りたいことは３つあります。

・どんなデザインが作れるのか？
・いくらで作ってもらえるのか？
・どれくらいの期間で作ってもらえるのか？

「どんなデザインが作れるのか」に対しては、ポートフォリオで応えます。ポートフォリオを見てどんなデザインを作れるのかをまず知ってもらいます。

次にお客様がポートフォリオを見て「こんなデザインがほしい」と思った後に知りたいことは「いくらで作ってもらえるのか」ということです。それに対しては、料金表を提示して応えます。

最後に**お客様が知りたいことはスケジュールです**。つまり、「どれくらいの期間でデザインを作ってもらえるのか」ということです。
スケジュールを伝える際は、次の2つのことに注意してください。

①目安の基準を設ける
②スケジュールを固定しない

【スケジュールの注意点①】目安の基準を設ける

ここでもまた料金表と同じように、**スケジュールの目安**を伝えます。
例えば、「およそ〇日ほど」としておくことです。

ランディングページ制作を例にすると、次のようになります。

①初稿のデザイン
着手からおよそ2～3週間程度

②デザイン修正
1回あたり 着手からおよそ3～5日程度

③コーディング
着手からおよそ7～10日程度

※デザイン修正は内容やボリュームによって変動します。
※コーディングはデザインが完成した後に着手となります。

このように目安の基準を設けていると、どれくらいの期間で着手から納品まで辿り着くのかという、およその期間が把握できるので、仕事の話がスムーズになります。

また、依頼後においても、どの工程がどれぐらいの時間が掛かるのかを双方で確認し合うことができます。

例えば、お客様がデザインの修正の依頼をする場合、〇日に修正依頼をすると、およそ〇日ぐらいで仕上がるというのが把握できます。

このように、およその基準があることで、そのつど制作工程を確認し合うことができます。

【スケジュールの注意点②】スケジュールを固定しない

スケジュールを伝える際にやってはいけないのが、「〇日で納品できる」「〇日で提出できる」などと固定してしまうことです。

デザインの仕事は、ただ制作するだけではなく、お客様のデザインチェックの待ち時間、修正の回数がどれだけ発生するのか、着手前の段階ではどれぐらいの仕事の分量なのかが分かりません。

はじめからスケジュールを固定してしまうと、仮にその期日を過ぎてしまった場合、クレームになる恐れがあります。

ですから、**スケジュールにおいても目安を伝えることにとどめておくことが肝心です**。

なお、お客様の多くは、ランディングページを早くほしがっています。早く納品してもらい、早く集客に使って、早く売上を増やしたいからです。

このようにお客様がスピードを求めている場合、想定していたよりも早く仕上げることができれば、早くお客様にチェックいただいても問題ありません。

むしろ、そのほうが喜ばれることが多く、Ｗｅｂデザイナーも早く仕事が手離れし、別の案件に時間を使うことができます。

品質、料金、スケジュールというお客様が知りたい3つのことをあらかじめ準備しておくことで、仕事をスムーズに運べます。

逆にこれらがない状態だと、どこかの工程で流れが滞ってしまいますので、ぜひ忘れないでください。

第 8 章

仕事の流れ・実績の作り方・クライアントの基準

仕事の流れと実績の作り方

第8章では、Webデザインの実際の流れや工程などについて解説していきます。

まず仕事を受ける際には、打ち合わせからのスタートとなります。
打ち合わせでは一体何をするのかというと、次の4つです。

①デザインの元となる原稿を確認する
②どのような市場の案件なのかを確認する
③どれくらいのスケジュールで対応できるかを伝える
④見積りは、後日に送ることを伝える

それぞれを解説していきましょう。

【打ち合わせの流れ①】デザインの元となる原稿を確認する

ランディングページの依頼を受ける際、お客様であるクライアントからデザインの素材となる原稿をいただいてから、制作がスタートします。

そのため、**お客様に原稿を用意してもらった状態で、最初の打ち合わせをすることが望ましいです。**

私の場合ですが、クライアントから「デザインの依頼がしたいから、打ち合わせをしてほしい」と依頼があった際は、まず原稿があるかを確認します。

ない場合は、「原稿のご用意をしていただいた後に、打ち合わせさせていただけるでしょうか」と返信するようにしています。

また、原稿作成前にどうしても打ち合わせをしておきたいということでしたら、その場合は応じます。

ただし、こちらが仕事をスタートするにあたっては、原稿を用意してからとなることをお伝えします。

さらっと書きましたが、ここでこの本の中でも**特に重要なこと**をお伝えします。

何度も言うように、ランディングページの案件を受けた際、セールスコピーを元にデザインを制作することがWebデザイナーの本来の仕事です。

クライアントのコピーライティングをサポートすることではありません。コピーライティングは、デザインとは別の業務となります。

Webデザイナーは、クライアントが必死になって書いたセールスコピーの魅力をユーザーに伝えるデザインを制作することに全力を注ぎます。

セールスコピーの中に書かれた商品・サービスの価値や、その商品・サービスを購入する人がどのような悩みがあり、その悩みをどうやって解決するのかをユーザーにしっかり魅力を伝えるデザインを制作することが仕事なのです。

……とは言うものの、私もよくやってしまうのが自分の専門領域以外の業務まで手を出してしまうことです。

例えば、クライアントの原稿を手伝って書いてあげたり、サーバーシステムのバグを修正してあげたり、イラストを書いてあげたりなどです。

もちろん、Ｗｅｂデザインの業務の中には、サーバーのシステムを触るなどの仕事もあります。

ですが、あれやこれに手を広げ過ぎてしまうと、やはり専門性がボヤけてしまうので、専門業務となる仕事を絞って、ほかの仕事は、ほかの専門家に依頼してもらうスタンスが良いでしょう。

専門領域以外の業務に手を出すと、こちらもその仕事に慣れていないため、仕事のスピードも鈍化し、クオリティも高くありません。

その結果、**時間と労力はたくさん掛かったけど、報酬は少々ということになります**。

なお、原稿に関して「絶対に手を出すな」ということではありません。

むしろ、原稿のフォローをできるようになると、結果的により売れるデザインになり、クライアントにも喜ばれ、高単価でリピートされるきっかけにもなります。

ただし、ここで強調しておきたいのが、**駆け出し当初においては原稿の手伝いはしてはいけない**ということです。

駆け出し当初は場数も踏んでいないため、こちらも仕事自体にまだ慣れきっていない状態です。

そのような状態で専門領域以外の業務に手を出すと、前述したように仕事のスピードが落ちてしまい、場数を踏むことができなくなります。

ある程度、場数を踏んで仕事にも慣れていくと、キャパにも気持ちにも余裕が出てきます。

その上で、コピーライティングやマーケティングの知識を蓄え、原稿のフォローができそうであれば、自分ができる範囲でやるのが正解です。

【打ち合わせの流れ②】

どのような市場の案件なのかを確認する

次に確認するのは、どのような業界・業種の市場のデザインなのかを知ることです。

デザインの仕事は市場によって様々な特色があります。

例えば、エステや化粧品などの美容系の市場、マーケティング関連などのビジネス起業系の市場、筋トレジムや筋トレサプリなどのフィットネス系の市場など、市場によってデザインのトーン&マナーと呼ばれる、いわゆる市場独自の雰囲気のようなものがまったく異なります。

美容系であれば、淡いパステルカラーやピンクなどをキーカラーとして採用し、曲線を用いた柄が多用されていたり、美しい女性の顔写真やウエストのくびれた部位の写真が強調されたり、キラキラした装飾が施されたりしています。

そのように依頼を受ける案件の市場が、**どのような特色があるのか**を確認していきます。

中には、自分が不得意とする市場のデザインもあるため、駆け出し当初において「この市場は難しそう」というのであれば、無理に依頼を受けないほうが良い場合もあります。

また、市場の案件を確認する際に、私がよくクライアントに聞くのは、「クライアントの市場で**トップ1・2・3の競合他社のサイト**のURLを教えてもらう」というものです。

市場はバラバラのように見えて、実は特色がある程度、統一されています。先にも述べた通り、美容系であれば美容系らしい特色があるということです。

それらの特色を作り上げているのが、まさに市場のトップを独走する企業となります。ですので、競合のトップ1・2・3のサイトを見れば、およその市場の特色を知ることができます。

また、そのような市場の特色を作り上げている競合他社の広告を見ることもリサーチに有効です。

例えば、Google検索やYouTube広告、SNS広告などに長期間に渡って広告を出稿している競合他社は、広告費用を回収できるほどの利益を出している可能性が高いと考えられます。

「ビジネスに競合がいない」のは本来あまり考えられないのですが、ごく稀《まれ》にそのように回答されるクライアントがいらっしゃることもあり、その場合はクライアントが求めるデザインの参考サイトを教えてもらうことにしています。

その一方で、絶対にやってはいけないのが、自分で**ゼロから生み出そう**とすることです。何のヒントも参考も何もない状態で手を付けると、最終的にデザインのイメージがどこに着地するか分からなくなるため、必ずクライアントにイメージを確認しておきましょう。

【打ち合わせの流れ③】どれくらいのスケジュールで対応できるかを伝える

第6章でもお伝えしましたが、クライアントが知りたいことは、次の3つです。

- どんなデザインが作れるのか？
- いくらで作ってもらえるのか？

・どれくらいの期間で作ってもらえるのか？

ですので打ち合わせの時点では、この3点に対しての答えを用意しておき、スケジュールについては目安をお伝えすることが大事です。

また、仕事に慣れて自分でスケジュールをコントロールできるようになったとします。その際に、通常のスケジュール目安よりも、さらに早く依頼をこなせそうであれば、**自分のサービスメニューに「特急対応」というオプションを追加して、クライアントに提示してみると良いでしょう。**

特急対応とは、そのままの意味で素早く対応するということです。

もちろん、タダでやるのではなく、「特急対応の場合は、お見積り価格の20％増で対応させていただきます」とお伝えします。

ただし、特急対応のルールとして注意するのは、「いつまでに納品する」と確約するのではなく、「一番最初に提案する初稿のデザインを通常より早く作成する」という条件でとどめておくことが大事です。

納品を確約してしまうと、仮にその納期がズレてしまった場合、やはりクレームの対象にもなりかねません。

デザインの仕事は単にデザインする時間だけがすべてではなく、クライアント側でデザインのチェックをする時間も含まれます。

こちらがいくら早く制作したとしても、クライアントが旅行に行っていたり、ほかの仕事で手がいっぱいでチェックが遅くなってしまう場合もよくあります。

そのような場合、こちらに非がなくてもクレームに発展することもありますので、特急対応は納期の確約ではなく、初稿のデザインを通常よりも早く仕上げるということにとどめておきます。

「特急対応は、通常であれば初稿のデザインを2～3週間で制作するところ、特急対応であれば、ほかの案件より優先して制作させていただき、1週間以内に初稿のデザインを制作いたします」

ということをお伝えすると、単価も上がり、さらに仕事も早く終えられます。慣れてきたら、特急対応をオプションサービスとして取り入れてみるのもいいでしょう。

【打ち合わせの流れ④】見積りは、後日に送ることを伝える

見積りと聞くと、ドキドキしてしまうのは珍しいことではなく、駆け出し当初は誰でも緊張するものです。

私もまさにそうでした。その緊張のあまりに、クライアントから「いくらでできますか?」と聞かれて、つい即答してしまうことがありますが、それは心にグッととどめて、**後日改めてご連絡することを心がけておきましょう**。

デザイン制作の見積りは、人によって、また会社によっても作り方はマチマチです。写真やデザインに使う素材の点数で見積りを作るなど、かなり細かく見積りを作り込む人もいれば、大雑把《おおざっぱ》に作る人もいます。

私もいろいろな見積り作りを経験してきましたので、その方法をお伝えします。

まず見積りを作る際は、打ち合わせ時にいただいた原稿の内容で、ランディングページのデザインに起こすとどれぐらいの長さになるのかをざっくり見ていきます。

例えば、原稿を元に、ランディングページのデザインにすると５０００ｐｘ（ピクセル）の長さになるなとか、これは２００００ｐｘぐらいの長さになるなというようなイメージです。

そして、１５０００ｐｘまでのランディングページは10万円、１５０００ｐｘから２００００ｐｘの間であれば15万円というような感じで見積りを作ります。

つまり、ランディングページの長さがどれくらいかによって見積りの内容を決めます。具体的にどうやって長さを測るかというと、これに関してはセールスコピーをデザイン化するスキルが必要になるため、詳細は省きますが、およその長さがどれぐらいになるか程度でとどめておいても大丈夫です。

ではなぜ長さで見積りの内容を変えるかというと、単純に長くなると、その分、作業の手間が増え、それにかける時間と労力が増えるからです。

極端に言うと、1000pxと10000pxの長さの制作ではまったくボリュームが変わりますので、それらを同じ金額で受けるのはナンセンスです。

実は、私は駆け出しの頃はどんな長さでも同じ金額で受けていたのですが、時折、とんでもない長さになることがあり、これはさすがに同じ金額では厳しいということで、私の場合は長さで見積りを変えるようにしています。

ただし、長さだけでなく、ランディングページを作成する際に、デザイン以外のプログラミングやシステムを入れたいなどの要望があれば、それは別途の料金で上乗せします。その場合は、デザイン以外のプログラミングやシステムの仕事は、その仕事ができる外部のパートナーを探して、先にどれぐらいの費用が掛かるかをざっくり聞いて、その金額に手数料を上乗せした分が、別途の見積りとなります。

ですから、外部のパートナーが見つからなければ、その部分の仕事はできないためお断りすることになります。

ここでやってはいけないことは、**自分でできもしないのに「できる」と言って受注する**

ことです。そうなるとやはりクレームに発展しますので、自分が担当する仕事はなるべく専門領域の仕事だけに限定しておくことが肝心です。

また、見積書を送る際に大事なのは、送る際に一言「お見積りの内容で宜しければ、半金分の着手金のご請求書をお送りさせていただきます。ご入金いただいたのちに着手させていただきますので、ご了承ください」と添えることです。

もしくは、打ち合わせの時に口頭で伝えておくことも良いでしょう。

なぜ、このように伝えるべきかについては後ほど詳しくお伝えいたします。

打ち合わせでは、この4つのポイントを確認しておくと良いでしょう。

また最近の打ち合わせは、直に会って話すのではなく、オンラインが主流ですので、ネットが繋がる場所であれば基本的にいつでもどこでもすることが可能です。

デザイン制作の着手から納品までの工程

ここからは実際に、Ｗｅｂデザインの現場ではどのように仕事が進んでいくのかをお伝えします。

　これを把握することで、今どの工程の仕事をしているのかや、仕事が終わるまでのイメージもつきやすいので便利です。

　把握するといってもざっくりで構いませんので、デザインに着手してどのように納品まで辿り着くのかを知る程度で大丈夫です。


　Ｗｅｂデザインの依頼を受けた後は、以下の工程を辿ります。

①見積り＆半金入金
②デザイン着手から初稿提案
③クライアントからのチェックとチェックバック
④コーディングの着手
⑤コーディングのチェック
⑥納品完了

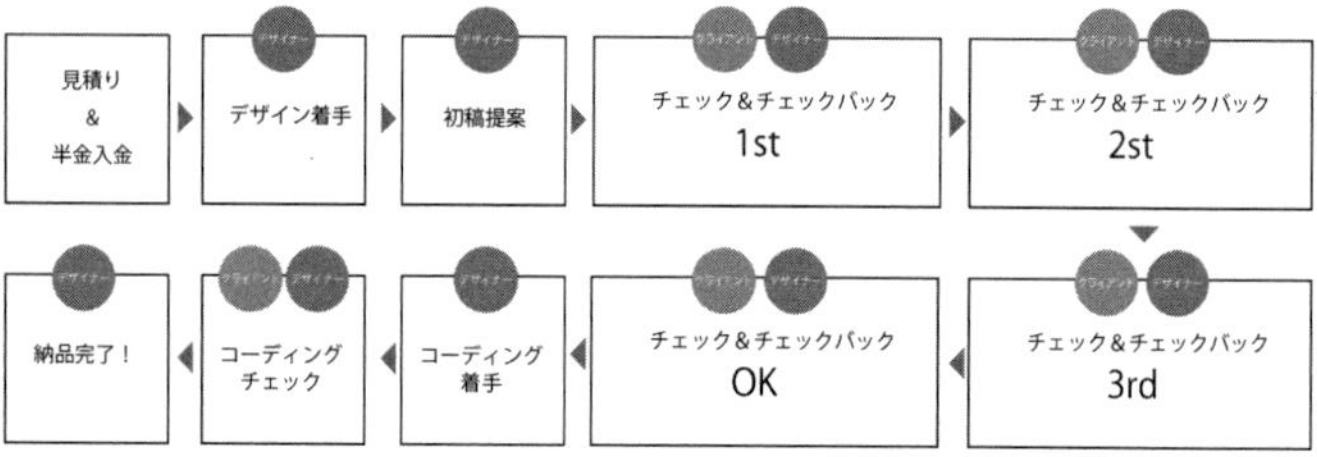

【納品までの工程①】見積り＆半金入金

この工程の中で、最も重要なポイントが**お見積りと半金入金**の工程です。

見積書を送り、その見積金額でクライアントから了承を得た後、見積金額の半金分の請求書を送ります。その後、自分の銀行口座に半金分の金額が入金されたのを確認してから、デザイン制作に着手します。

このやり方をしなければ、後々大変なことになる場合もありますので、ぜひ覚えておいてください。

一般的には、案件を受ける際、制作費は納品後にもらうことも多いです。私が独立前に勤めていた会社でもそのようにしていました。

ですので、独立して駆け出しの頃は同じようにしていたのですが、そのせいでかなり大変な状況になってしまったのです。

まず、いろんな事情で納品が想定していた期日を超えてしまい、入金が入ると思っていたタイミングがズレてしまうことです。

そうなると、当然生活に掛かるお金や支払いなどにも影響します。

それが1件だけなら許容範囲内と済ましても問題ないかもしれませんが、数件続いてしまうともはやパニックとなります。


そのほかには、頑張って制作をこなして納品したにも関わらず、納品後にクライアントから音沙汰《おとさた》がなくなったり、メールの返信が長らく返ってこなかったりなどもありました。

これは死活問題となり得る事態です。ですので、まず第一に見積りの半金分の料金をもらってから、それを着手金として制作に移すことが極めて大事なのです。


そのため、打ち合わせの段階で、事前に半金入金の件を忘れずに伝えておき、今後も半金入金に関しては仕事を受ける際のルールとしておくことが良いでしょう。

ただし、数万円以内の少額の案件に関しては、納品後でも良いというルールもあっても良いでしょう。実際に私の場合もそのようにしています。


例外としては、クライアントが広告代理店などの場合は、月末締め・翌月末払いという支払いサイクルを会社のルールとしている場合もあるので、案件を受ける前に「御社は月末締め・翌月末払いなどの支払いのサイクルありますか？」と確認すると良いでしょう。

【納品までの工程②】デザイン着手から初稿提案

半金を入金してもらった後に、はじめてデザイン制作に着手していきます。ここからは精一杯制作に没頭するだけになります。

スケジュールの目安に合わせて初稿デザインを提案していく流れになります。

【納品までの工程③】クライアントからのチェックとチェックバック

初稿のデザインを作成したら、早速クライアントに送ってデザインをチェックしてもらいます。

その後は、デザインに対して「○○を修正してほしい」などの要望をまとめて吸い上げていきます。これをチェックバックといいます。


この時に、なるべく1回で修正を返してもらうことが肝要です。

修正を小出しにされてしまうと、作業が前に進まず、時にはまたやり直しなどとなりかねませんので、修正はなるべくまとめてもらうよう事前にお伝えしておくことも良いでしょう。


チェックバックをもらった後は、その内容に沿って修正作業を繰り返します。

このチェック&チェックバックをもうこれ以上修正がないという状態まで何回も繰り返していくのが仕事の流れとなります。

【納品までの工程④】コーディングの着手

もうこれ以上修正がないという状態まで繰り返して、ようやくデザインが完成します。ここからの流れはコーディングという作業に移ります。

コーディングとは、デザインをサーバーにアップしてWebで稼働する状態を作ることを指します。要するにネットで見られる状態にするということです。

コーディングに移る際は、基本的にクライアントがOKを出した完成したデザイン通り、そのままWebで表示される状態を構築します。

ここからの作業は、自分でできるなら、はじめは構いませんが、徐々にコーディングの専門家に依頼して分業することをオススメします。

コーディングはデザインとは違い、自分が作ったデザインがそのままWebで表示されれば良いだけなので、極端に言うと自分以外の人がやっても結果は同じです。

クライアントは、最終的にOKを出したデザインがWebに表示されることを望んでいます。

逆にWebにアップした際に、自分が作ったデザインとは異なる形で表示されることが問題となります。

【納品までの工程⑤】コーディングのチェック

コーディングが仕上がったら、最後はクライアントにWebにアップした際のURLをメールで送ってチェックしてもらいます。

もし、この時にデザインの修正が大量に発生してしまうと、大変な状況になってしまいます。

それはどんな状況かというと、コーディングの元となるデザインの原型から修正の作業を戻すことになり、その作業が完了した後には、再度コーディングの修正もすることになります。

つまり、二度手間ということになります。

仮に、コーディングを外部パートナーに依頼していたら、コーディングの修正費がそのたびに発生することになります。そうなると、クライアントに追加で請求の交渉をする必要も出てきますので、注意が必要です。

ですので、コーディングに移る際は、必ずデザイン制作の段階でクライアントからＯＫをしっかりもらっておいてください。

「もうこれ以上は修正はありません」というところまでしっかり作り込むことです。

もっとも軽微な修正は、コーディング後でも発生することは度々ありますので、ある程度の許容範囲を決めておくと良いでしょう。

【納品までの工程⑥】納品完了

クライアントにコーディングのチェックをしてもらった後は、納品という流れになります。

納品に関しては、いくつかやり方があるのですが、なるべく納品データをチャットやメールで送り、クライアント側でクライアントのサーバーにアップロードしてもらうことが望ましいです。

サーバーの中のファイルを誤って削除したりしてしまうと、危険な事態にもなりかねません。

ホームページをすでに持っているクライアントであれば、サイトを運営するＷｅｂ担当者がいる場合が多いので、その方にこちらで作成したファイルをアップロードしてもらうようお願いすると、スムーズに話が進みます。

Ｗｅｂデザイナーの実績は2つだけ

納品までの工程を一通り見てきましたが、Ｗｅｂデザイナーとして大きく稼ぐ上で欠かせないのが実績です。

実績が積み上がると、仕事の経験値も上がり、クライアントからも「こんな実績があるのか」と信頼の証にもなり得ます。

駆け出しの頃は、とにかく実績を多く積み上げることを優先していくことが先決です。実績があると、より高単価案件の獲得にも繋がりますし、実績がさらにあなたの元にお客様を呼び込んでくれるでしょう。

Ｗｅｂデザイナーにとって重要な実績は、次の2つです。

①制作実績
②貢献実績

この違いを知っておくことは非常に大事で、狙って単価アップに繋がる実績を積み上げることが可能になります。

それぞれ説明していきます。

【クライアントに信頼してもらえる実績①】制作実績

制作実績とは、**Webデザイナーが実際に制作して納品したデザイン**を指します。ランディングページを制作して納品したら、それはあなたの制作実績です。制作実績は、仕事をこなせばこなすほど、そのままどんどん積み上がります。

キャリアが長い人ほど多くなりますので、数百点の制作実績があるなど、数え切れないほどたくさん増え続けていきます。

制作実績が増えると、仕事の場数をこなしたことになるので、仕事のスピードもクオリティもどんどん向上していきます。クライアントにとっても信頼の証にもなるでしょう。

【クライアントに信頼してもらえる実績②】貢献実績

貢献実績とは、Ｗｅｂデザイナーが制作したランディングページによって、クライアントの売上アップにどれだけ貢献したかを示す実績となります。

実は、この貢献実績こそが**高単価案件の依頼にダイレクトに繋がる実績**です。

例えば、あなたが制作した納品したランディングページを使ってＷｅｂ広告に出稿したとします。

クライアントが前に使っていたＷｅｂデザイナーに制作してもらったランディングページよりも、あなたが制作したランディングページのほうが反応率が良かったり、売上が伸びた場合は、それがそのままあなたの貢献実績となります。

貢献実績は、クライアントからの生の声をもらい、それを文章としてあなたのポートフォリオやサイトに掲載することで表に出していきます。

その貢献実績をほかのコアターゲットが見ることで「私もこの人に依頼したい」と思っ

てもらい、さらなるコアターゲットと繋がり、案件の獲得ができるようになります。

ですので、Ｗｅｂデザイナーとして活動していく中で、**意図的に貢献実績は必ず集めていく必要があるのです。**

実は、これほどまでに重要な実績ですが、この貢献実績を取りこぼしている人が少なくありません。

せっかく納品したのに、その後はクライアントに連絡も何もしないで、またほかの案件に取り掛かるＷｅｂデザイナーが多いのです。

これでは貢献実績をみすみす取りこぼし続けているのと同じで、非常にもったいないといわざるを得ません。

●貢献実績の獲得の仕方

先ほどもお伝えしたように、貢献実績は意図的に自ら動かねば手に入れることができません。

どのように貢献実績を獲得するかというと、ランディングページを納品した後、およそ

2週間後ぐらいにクライアントにこちらからメッセージを送ります。

「○○様　お世話になります。先日納品させていただきましたランディングページの反応はいかがでしょうか？」と、このようなシンプルな一文になります。

そこで、反応率が上がった場合は、このような反応が返ってきます。

「○○さん、お世話になります。先日納品していただいたランディングページですが非常に好調です！　本当にありがとうございます！　ご依頼させていただき正解でした！」

このようなポジティブな返答があると、すかさず次のようなメッセージを送ります。

「○○様　ご連絡ありがとうございます！　私も貢献できて嬉しいです！　もし、良ければお客様の喜びのお声として、○○様のコメントをいただきたいのですがご協力いただけるでしょうか？」

そのようにお伝えすると、クライアントは前向きに快諾してくれるでしょう。

クライアントの中には「どのようなコメントを書けば良いでしょうか？」と言ってくれ

る人もいますが、そこからはあなたが主導してコメントを書いてもらいます。

どのように主導するかというと次のようになります。

コメントとなる文字数もあらかじめ決めておきます。文字数は、300～500字ぐらいでいただけると後々活用しやすいです。

そして、クライアントの写真も使わせてもらうことも重要です。

ですので「◯◯様のお写真もコメントと一緒に掲載させていただければと思いますのでご提供いただけると幸いです！」と添えておきます。

◯◯様

では、以下の流れでコメントをいただけるでしょうか？

依頼する前、どんなことで悩んでいたのか？
↓
実際に依頼して良かったと思った点
↓
どんな人にオススメか？

この流れで300～500文字程度でいただければ幸いです
^ ^

このようにクライアントに伝えると、どのようなコメントが手に入るかというと次のようなものです。

◯◯さんに依頼する前は、私自身がセミナーのランディングページを自作していました。

しかし、思うように集客ができないまま、数年経ってしまっていました。
そんな状況なのでセミナー募集を行ってもまったく集客ができずに困り果てていました。

そんな時に「デザインを変えてみないといけない」と強く思い、ランディングページのデザインを作成してくれる会社に依頼をしましたが、キレイではあるのに思うような結果を出せない。

何がダメなのかデザイン会社に確認してもよく分からない。
完全に作ったらそれで終わりという感じです。

もう、本当に売れるデザインを作成してくれる会社はないのか？

そんなことで悩んでいた時に、〇〇さんのデザインサンプルを偶然拝見して「こんなランディングページがほしい、こんなランディングページだと集客できる」と直感しました。

その後すぐに〇〇さんに制作の相談をさせていただき、その場でご依頼を即決しました。

その結果、〇〇さんにランディングページをお願いすることになり、結果が以前のランディングページのＣＶＲが１％後半だったのが、３％後半まで一気に上がり、セミナー集客も潤沢にできるようになりました。

本当に〇〇さんは、結果を出し切れるデザインを作成してくれます。

日本中探しても、ここまで結果を出し切れるデザインを作成してくれる人はいないと思います。「ランディングページを作ったけど結果が伴わない」そんなことで悩まれている方は、今すぐ〇〇さんにお願いすると絶対に良いですよ。

これは少し編集していますが、実際の回答になります。
クライアントも結果に繋がっているので、喜んであなたのコメントへ協力してくれます。

■図1 クライアントの声の例

1%後半だったLPのCVRが
3%後半まで上がり
セミナー集客が大成功!

写真

名前

〇〇さんにご依頼する前は、私自身がセミナー LP を自作で作成していました。

しかし、思うように集客が出来ないまま数年経ってしまっていました。
そんな状況なのでセミナー募集を行っても全く集客ができずに困り果てていました。

そんな時に「デザインを変えてみないといけない」と強く思い、LP のデザインを作成してくれる会社に依頼をしましたが、キレイではあるのに思うような結果を出せない。

何がダメなのかデザイン会社に確認してもよくわからない。
完全に作ったらそれで終わりという感じです。

もう、本当に売れるデザインを作成してくれる会社はないのか？
そんな事で悩んでいた時に、〇〇さんのデザインサンプルを偶然拝見して
「こんな LP が欲しい、こんな LP だと集客出来る」と直感しました。

その後すぐに〇〇さんに制作の相談をさせていただき、
その場でご依頼を即決しました。

その結果、〇〇さんに LP をお願いすることになり、
結果が以前の LP の CVR が 1%後半だったのが、3%後半まで一気に上がり
セミナー集客も潤沢に出来るようになりました。

本当に〇〇さんは、結果を出し切れるデザインを作成してくれます。

日本中探しても、ここまで結果を出し切れるデザインを作成してくれる人はいないと思います。「LP を作ったけど結果が伴わない」そんな事で悩まれている方は、今すぐ〇〇さんにお願いすると絶対に良いですよ。

また、ポートフォリオやあなたのサイトでこのようなコメントを掲載する際には、このコメントの中で特に魅力のある言葉を選んで、それをこの見出しにして活用します。まとめると、前ページの図1ような形になります。

コメントの流れを読んでもらえると、このクライアントが抱えていた悩みが一体どのようなものだったのか、それがどのように解消されたかが分かると思います。

このクライアントと同じような悩みを持っているコアターゲットが読むと、それはきっと無視できないものとなるでしょう。貢献実績は、このような流れで意図的に獲得していきます。

また、納品したランディングページが思ったより結果が出なかった場合は、次のような流れになります。

「〇〇様　お世話になります。先日納品させていただきましたランディングページの反応はいかがでしょうか?」

⬅

「○○さん、お世話になります。先日はありがとうございました。広告に出稿していますが、正直ちょっと微妙な感じですね。」

⬅

「○○様　ご連絡ありがとうございます。もし、こちらで修正や改善等が必要であればぜひご協力させていただきますのでお気軽にご相談いただければ幸いです。」

これで実際に修正の依頼がきた場合は次の回答をする流れになります。

「○○様　ご連絡いただきありがとうございます。修正の件、かしこまりました。修正内容の確認させていただき、改めてお見積りとスケジュールのご連絡をさせていただきますので宜しくお願いいたします」

このように、仮に結果が伴わない場合は、追加のご依頼として修正・納品を繰り返していきます。

ここでやってはいけないのが、結果が伴わなかったという理由で修正を無料でやってしまうことです。納品が完了したら案件は終了となり、追加の依頼は別の案件として見積りを提示してください。

中には結果が出てないという罪悪感から無料でやってしまいそうになることもありますが、それはビジネスではなく、ボランティアといえます。

納品後の依頼は、都度見積り（商品・サービスにかかる費用を前もって算出する見積りを、そのたびに行うこと）を自分のルールと決め、都度見積りをする癖を身に付けていきましょう。

どんなクライアントが望ましいか（クライアントの基準）

Webデザイナーとして活動していると、どうしても相性が良くないクライアントと出会うことがあります。特に駆け出しの頃は、どんなクライアントが良いのか基準が分からず、困ってしまうこともしばしばです。

過剰なサービスを求められても、それが当たり前と思い込んでしまい、無理をして求められるサービスを無料で提供することも珍しくありません。

例えば、クライアントから「原稿がないからコピーも書いてください」とお願いされて、手伝ってしまったり、「(高度なプログラミング技術が必要な) システムを構築してください」とお願いされて、ゼロから勉強を始めてしまったり、納品した後も何ヶ月も延々と修正・改善を無料で求めてきたり、などなど……。

そうなると、自分の時間や労力などのリソースがなくなってしまい、もはや仕事で稼ぐどころではありません。

特にWebデザイナーに仕事を依頼したことがないクライアントは、そもそもWebデザイナーの仕事の領域を知らないので「Webデザイナーは何でもできる人」と勘違いしてしまい、悪気がない状態で過剰なサービスを求めてしまうことがあります。

中には、その過剰なサービスに自分が答えられなかったりすると、「Webデザイナーなのに、何でこんなこともできないんですか!?」と、平気でクレームを言ってくる人もいます。

そのような人をクライアントにしていると、すぐに疲弊しきってしまい、ついにはWebデザイナーの仕事を手放してしまうことにもなりかねません。

そのようなクライアントと出会ってしまった時の対処法をお伝えします。

それは**単純に距離を置くこと**です。

「仕事だから」「大事なお客様だから」という理由で何でもかんでもサービスに答えるのではなく、この人は私のクライアントではないという線引きをして、距離を置くことが重要です。

矢継ぎ早に「アレしてください！」「コレを早くしてください！」と言われても、「ただいまキャパがオーバーしていますので申し訳ありませんが、すぐの対応は難しいです」と率直にお伝えして距離を置いていくのです。

駆け出しの頃は「お客様は神様」と思い込んでしまうこともありますが、それは違います。お客様は**自分が決めた人がお客様**となります。

自分の中のクライアントの基準に照らし合わせて、それに該当する人が本来のお客様です。

ですので、ここで重要なのがクライアントの基準ということになります。

クライアントの基準は、Ｗｅｂデザイナーによってそれぞれ違いますが、例えば、次のようなポジティブな基準とネガティブな基準が挙げられます。

●ポジティブな基準

- 単価が高い
- 毎月、何件も依頼をしてくれる
- お客様を何度も紹介してくれる
- 気楽にコミュニケーションを取れる
- 自分の仕事にとにかく満足してくれる
- 言葉やメッセージの文面が丁寧で親切
- 得意分野の業界
- 修正が少なく納品が早い
- 人間性を尊重している

●ネガティブな基準

- 単価が極端に安い
- 年に数回程度しか依頼がこない
- 言葉やメッセージの文面が雑
- とにかく値切りまくる
- 高圧的で威嚇してくる
- 過剰なまでにダメ出しばかりする
- お金の振り込み期日を平気で破る
- 無料で仕事をやってもらおうとする
- 専門領域以外の仕事を求める

ポジティブな基準ばかりが当てはまるクライアントが望ましいですが、ある程度はネガティブな基準も許容することも必要にはなるでしょう。

ネガティブな基準は、あくまで自分が許容できる範囲内にとどめることにしておいてください。許容の範囲外になると、先ほどお伝えしたように**心身が疲弊し過ぎてしまい長く**

持ちません。

特にWebデザインは、物販のような売り買いで完結する短期間の取引ではなく、一定期間の間をクライアントとともに伴走するような仕事ですので、自分のお客様は自分で選んで決めましょう。

「このクライアントがいなくなったら生きていけない」と過剰なサービスや過剰なダメ出しに耐え続け、精神が追い込まれ過ぎてしまってはいけません。

本当のお客様は、ほかにも必ずいますので、そのお客様と出会うように行動することが大事です。

第 9 章

もっと大きく稼ぐために

値上げのタイミング

フリーランスのＷｅｂデザイナーとして、しばらく活動していくと、ふと思うことがあります。

それは何かと言うと、「**いつ値上げしたらいいんだろう**」ということです。

駆け出しの頃と比べて、明らかにスキルもスピードもクオリティも向上している、それなのにいつまでも同じ単価……と悩んでいる人が実際に多いのです。

でも、ずっと同じ単価で受注していたため、いまさら値上げするのも気が引けてしまい、ズルズルとここまで来てしまった……。

そのようなＷｅｂデザイナーの方のために、ここでは値上げのタイミングについてお伝えしていきます。

私も駆け出し当初はタダからスタートし、３０００円の案件が1万円になり、5万円、10万円、20万円、30万円、40万円……とどんどん値上げを実行してきました。

では、どのように値上げをするのかというと、それは**今の自分のキャパの70%を超えそうになったタイミングで値上げをします**。

駆け出し当初はとにかく場数を優先するため、ただひたすら案件をこなしていきます。そこから新規とリピートでキャパをどんどん埋めていき、いよいよキャパに限界を感じてきたタイミングで一気に値上げします。

どのくらい値上げするかというと、例えば、あなたが市場の価格より明らかに安く、ランディングページ制作が15~25万円の相場のところを5万円以下で受注していたら、**一気に倍の10万円に引き上げます**。

そうすると、あなたのクライアントで安さ目当てで依頼をしていた人が離れていきます。

仮に、半分のクライアントが離れたとします。その場合の売上はどうなるかと言うと、変わりません。

値上げを倍にして、クライアントが半分になっても**売上・利益は変動しないのです**。逆にキャパは一気に半分に減り、自由な時間が生まれます。

次は、その自由な時間を使って、値上げした倍の単価のクライアントと繋がり、案件を獲得する営業活動を行うのです。

そして、倍の単価のクライアントと繋がる際は、これまで必死に低単価で頑張ってきた制作実績と貢献実績を引っ提げ、それを自分の実力となるエビデンスとしてポートフォリオなどに詰め込んでアピールします。


ちなみに、駆け出しの頃に値上げして離れていくクライアントは、あくまであなたの価値ではなく、**安さを目当てにしている可能性が高いです**。

あなたのデザインのクオリティや仕事の姿勢、スピード感、またビジネスの貢献度合いに価値を感じているクライアントであれば、仮にあなたが値上げしたとしても離れることはありません。

つまり、安さ目当てで繋がっているわけではないのです。


もちろん、クライアントの規模にもよりますが、一定の単価までしか発注できないことも当然あります。

ですが、あなたは次のステージへと移り、そのステージで出会うクライアントや案件もしっかり存在するということを忘れてはいけません。

ビジネスのステージが変わるタイミングは、クライアントはもちろんですが、ビジネスパートナーも含めて、**出会いと別れが必ず起こるものです**。

値上げはなかなか勇気がいるのですが、キャパが70%付近になったら、あなた自身も仕事のことで頭がいっぱい状態です。自分の時間がほしいなと強く思う頃です。

もしかしたら値上げをすると、今よりもっと時間が生まれるかもしれない。

そうなるとちょっと落ち着いてから、また営業に飛び出せばいい。

今度繋がる新しいクライアントとは、値上げした単価でしっかり仕事をこなしていけば良い。

私が値上げした時は、まさにこのようなことを毎回自分に言い聞かせていました。

そして、見積りをほしいと言われたタイミングで「大変恐縮ですが、今月よりキャパの関係で値上げをさせていただくことになりましたので、ご了承くださいませ」とメッセージを添えて見積りを送ったのでした。

個人戦からチーム戦へ

次はある程度、自力で案件を獲得できるようになり、これからさらに大きく稼ぐためのステップについてお伝えしていきます。

Ｗｅｂデザインの仕事は自分一人だけだと、どうしてもキャパが一杯になり、すぐに限界がきてしまいます。

人によってマチマチですが、月商20～30万円ぐらいは一人だけでも十分達成できる圏内です。しかし、月商50～１００万円ぐらいになると、徐々にキャパの限界を感じ出します。休みがないわけではありませんが、毎日深夜までパソコンにかじり付いて、延々とデザインを作り続けます。たまの休みもいろんな仕事が同時進行で動いているので、気になって仕方ない状態です。

さらに月商１００万円を超え出すと、いよいよ時間も気持ちも体力的にも余裕がなくなってきます。

常にフル稼働で、休みは滅多になく、基本的に早朝から深夜までずっと働き続ける状態となります。熱が1週間ずっと40度を超え続けようが関係ありません、ずっと働き続けます。

私もこれまで何度もこのような限界を超えるほどの経験をしてきて、そのたびに救急車に運ばれ、入院を繰り返し、何度か死を覚悟したことがあります。正直に言うと、もう二度としたくないというのが本音です。

月商が大きくなり、キャパに余裕が感じられなくなったら、それは**仕事のやり方を変えるべきターニングポイントです**。

どのようにやり方を変えるかと言うと、それは**チーム化**するということです。つまり、自分の仕事を個人戦からチーム戦に変えて、他人と協力してこなしていきます。

チーム戦になると、個人戦の時とは比べられないぐらい物量をこなせるようになります。そして、自分の時間も確保できるようになる上、売上もどんどん大きく増やせるようになります。

チーム化の2つのステップ

では、どのようなステップでチーム化へと進むのかと言うと、次の2つになります。

①不得意分野のパートナーの確保
②得意分野のパートナーの確保と定着

1つずつ説明していきます。

【チーム化のステップ①】不得意分野のパートナーの確保

駆け出しのスタート地点では、ほとんどの場合、すべての業務を自分一人で請け負い、ただひたすら案件をこなしていきます。

そして、大量の案件をマンパワーでこなしていくと、割とすぐの段階であることに気付くのです。

それは何かというと、自分にとっての**得意・不得意分野の仕事についてです**。

ある仕事は、とても得意なため圧倒的スピードで、かつハイクオリティです。クライアントにも評価され、自分自身も確かな自信を持っています。

そのスキルは、まさに自分の強みを誇れる宝刀と呼ぶにふさわしいものです。

この得意分野の仕事をしている時は、時間の経過をまったく感じず、食事をとらずに何時間でも続けられます。先ほどまで朝だったのに、急に夜になっているのを何度も経験したりします。

とてつもない鬼のような集中力を発揮できるのです。

しかし、一方でどうやっても苦手で何回やっても失敗・ミスを連発してしまう仕事があります。

当然ですが、それは、あなたにとって不得意な仕事です。別の言い方をすると、職能としての適性が合っていないとも言えます。

その不得意な仕事のせいで、案件をこなせず、生産性も低くなるため、稼ぐための完全な足枷《あしかせ》となっています。

その不得意な仕事をそのまま続け、その上で案件を増やすとどうなるでしょうか。それは致命的なミスに繋がり、取り返しの付かない事故にも発展しかねません。

そうなる前にするべきことが、**ビジネスのパートナーを確保することです**。

どんなパートナーが良いかというと、あなたの不得意分野をフォローしてくれるパートナーです。

特に、自分の不得意分野の仕事を**得意分野のレベルに昇華させているパートナーがあなたに相応《ふさわ》しいのです**。

パートナーの得意分野は、あなたにとっての不得意分野ですので、自分がやるより圧倒的スピードで、当然ハイクオリティです。そうなると、これまで足枷となっていた仕事が途端に強みへと変わります。

自分はどんどん得意分野の仕事に没頭し、パートナーもどんどんそれを捌いていきます。

そうすることで、本来の高い生産性が実現していきます。

ちなみに私の場合は、前にも述べたようにデザイン制作は得意でしたが、コーディングが強烈に苦手という問題がありました。そのため、駆け出しの早いタイミングでコーディングを得意とするパートナーと分業をすることになったのです。

【チーム化のステップ②】得意分野のパートナーの確保と定着

チーム化の目的は、個人戦では捌くことのできない大量の案件を捌くことになります。そのため、強いチーム作りにおいては不得意分野だけでなく、得意分野もパートナーと分業していきます。

なぜ、得意分野までパートナーと分業するのかというと、大量の案件の前では、あっけなくキャパオーバーとなるためです。

例えば、自分の得意分野の仕事だからといっても、それは個人技のレベルであって、できる範囲は限られています。1日は24時間しかありませんし、人の2倍はできても20倍は、どう足掻いても難しいのです。

大量の案件の前では、まさに多勢に無勢です。ある程度の物量がきたタイミングで、徐々に得意分野の仕事も分業に回します。

しかし、ここでの問題は、パートナーに任せる仕事が**自分にとっての得意分野であるということがネックとなります**。

なぜなら、その仕事は自分にとっての得意分野の仕事のため、どうしても厳しく見てしまいます。例えば、はじめから120点を求め過ぎてしまうなどです。

もちろん、仕事であるし、クライアントにも自分の得意分野を買ってもらっているため、手を抜くことなど心情的にもしたくありません。

Webデザインは職人のような一面もあるためか、「もう任せてられないわ」と早々とさじを投げてしまいがちです。

でもその状態では、いつまで経ってもチーム化は進みませんし、大きく稼ぐどころか、常に大量の案件を前にすると無力なままなのです。

では、どうやって得意分野を分業できるようになるかというと、それは**自分がフォローすることで解決します**。

不得意分野をフォローしてくれたパートナーのように、新たに加わったあなたの得意分野を担当するパートナーのことを、今度はあなたがフォローしてあげるのです。

例えば、得意分野の仕事を依頼して、仕上がってきたデザインが控え目に見ても60点であれば、そこからはあなたが80点、90点、１００点へと仕上げていきます。

仕上がったデザインを一方的に却下するのではなく、さらにクオリティが向上するように目の前で実例を見せてあげるのです。

どのようにすると、今よりもさらにクオリティが向上するのか、自分が作るレベルに到達するには、具体的にどこを触れば良いのかを実際に目で見て認識してもらうのです。

それも1回ではなく2回、3回、4回、5回と繰り返し、根気強く何度も目の前で見せてあげます。そうすることで、自分と同じレベルに押し上げることができるのです。

同じＷｅｂデザイナーにテクニックを盗まれたくないと思うかもしれませんが、そこはあくまでチーム戦をしていくのが目的です。

それでもなお、嫌だというのであればチーム戦は諦めた方が良いかもしれません。なぜなら、チーム戦になると、**チームを信じる度量も必ず必要になるからです**。

チーム戦では、失敗やミスはどうしても起こり得てしまいます。

その時に、チームのメンバーに怒りの矛先《ほこさき》を向けて、感情的に叱りつけたりしたらリーダー失格です。そのメンバーだけでなく、ほかのメンバーの心もあなたから離れていきます。

なぜ失敗やミスが起こったのかの原因を探り、**その問題が発生する仕組みを改善することが正解です**。

よく失敗やミスをするメンバーは、実は適正に合っていない仕事を任せていないか、もしくは仕事ができすぎるため、キャパオーバーし過ぎてしまうような仕事の任せ方をしていたかもしれません。

その原因を突き止めて、失敗やミスが起こらないよう仕組みを整えることがリーダーにしかできない重要な役目なのです。

また、リーダーは些細《ささい》な感情の起伏でネガティブなことを言ったり、当たり前ですがメンバーの悪口を陰で平気で言うことなど、絶対にあってはなりません。そんなことでチームを動揺させてはならず、どっしりと構えるべきなのです。

チームのメンバーは、できることを精一杯頑張っています。そのことを決して忘れてはいけないのが、チームの中心となるリーダーの心得です。

良いリーダーのもとには長く人が定着しますし、良いチームはそれぞれのメンバーが思い切り自分の得意分野の仕事に没頭しているものなのです。

第10章

実例紹介「私たち、Webデザイナーに転身して人生が好転しました！」

知識・経験ゼロからでも活躍しているWebデザイナーたち

ここまでは、おうちWebデザイナーとして大きく稼ぐための知識やスキルなどをお伝えしてきました。

第10章では、リアルなWebデザイナーの姿をイメージいただけるように、私が代表講師を務める『セールスデザイン講座』の卒業生さんたちのストーリーをご紹介します。

彼ら彼女らは、**なぜWebデザイナーを志したのか**、そして、**どのようにして活躍しているのか**をお伝えすることで、あなたの人生を好転させるヒントになれば幸いです。

Web Designer's Story①

講座卒業後、わずか2ヶ月で会社を退職し、営業未経験でWebデザイナーとして独立したシングルマザーM・Mさん

「子供と過ごす時間がもっとほしい……」

2人のお子様を持つM・Mさんは、シングルマザーとして一人で家事をしながらも、毎日朝9時から夜遅い時は22時頃まで、14年以上会社勤めをしていました。

休みは週に1日だけ。少ない時間の中でもっとお子様たちと一緒に過ごすことはできないか……と思いながらも休みの日は、体が疲れ果てて気持ちにも余裕がない状態だったそうです。

このような状況の中、M・Mさんはどのようにして Web デザイナーになられたのでしょうか。左記は、M・Mさんがご自身のことを語られた内容になります。

月日が流れ、子供が小学校から中学校へと上がるにつれ、子供自身も習い事や部活に追われ、さらに一緒に過ごす時間が少なくなっていきました。

学校から帰ってきたら家に誰もいないというのが、子供に対して申し訳ない気持ちにもなります。本当は「おかえりなさい」のひと言を言って出迎えてあげたい。

これまで何度もそう思うものの、現実は仕事に追われてしまい、実現できそうにない。

14年間、一度も学校からの帰りを「おかえりなさい」と家で出迎えることがないまま、いつの間にか子供が大きくなっているのは、本当に寂しくなります。

当時の仕事は、デザインを制作する部署で社内のパンフレットやノベルティグッズなどを作ったり、印刷会社で働いた時はカタログや看板など制作を3年ほど経験しました。

「子供たちと一緒に時間を過ごすためにも、いつかは独立したい」

そんな想いが頭のどこかにいつもあります。

独立するのであれば、紙だけではなく、**Webデザインを習得しないといけない**。

そんな思いでWebデザインの本を参考に独学で学んでいました。しかし、独学で学ぶとなるとハードルが高く、「こんなのいくら勉強してもWebデザインの会社にも受け入れてもらえない、フリーランスで独立なんてもっと無理……」と挫折してしまいました。

そんなある日、動画サイトでデザイン制作を教えるある動画に出会いました。

その動画では、どのようにしてお客様が求めるデザインを作るのかを実況しながら、あっという間にデザインができ上がっていきます。

その時、とっさに「ここでWebデザインを教えてもらいたい！」と強く思ったのが第一印象です。

そこからは、その講座で8週間という短い期間でWebデザインを学び、なんとその2ヶ月後に会社を退職するということに踏み切りました。

これまで営業の仕事をしたことがなく、本当にやっていけるのか不安な気持ちでたまりませんでした。子供もこれから学費など、どんどんお金が掛かるのに家計は大丈夫なのかと胃がキリキリします。

ですが、この講座の卒業生は自分と同じように営業もしたことないのに、Webデザイナーとして独立し、毎月30万円、50万円、100万円と稼いで自立しているのを何人も見ていました。

「私も頑張ったらそうなれるかもしれない」と、心の底で熱い思いを抱いている自分もいます。

不安と情熱を抱えながらも意を決して、講座で学んだ通り、作成したポートフォリオを業務委託先を探しているWebマーケティングの会社や広告代理店にどんどん送り続けると、すぐに案件の依頼がきたり、月額数十万円の業務委託契約ができるなどの結果を手にしたのです。

●案件獲得のきっかけはランディングページが作れるということ

M・Mさんは、続けてこう語ります。

「お仕事をいただいた企業様は、どこも『ランディングページを依頼したい』ということをおっしゃるんです。企業様にポートフォリオを見てもらうと、『こんなランディングページのデザインがほしいのですよ！』や『これと同じようなランディングページを作れるんですか？』と前のめりで話が進むんです」

「これまで営業をしたことなかったため、どうしても企業様との打ち合わせに苦手意識があったんですが、ランディングページを作るスキルを講座でしっかり学んだので、私も自信を持って『できますよ！』と言えるのが嬉しいです。そのせいか、今では企業様との打ち合わせが楽しいと思えるようになったのも驚きです」

「仕事のきっかけは、すべてランディングページなんですよね。ランディングページがデザインできなかったら1件も仕事には繋がっていないと思います。だから、余計にランディングページを作れるってすごいんだなと思いますね」

「ポートフォリオは、どの企業様も必ず褒めてくださいます。特にWebマーケティング会社は、すごい評価をしてくれました。**『ユーザーが思わずほしい！』と思う顧客視点のデザイン**になっていて、その点がすごく評価されて契約がけっこう決まりました」

「フリーランスで独立してる人は、SNSとかで集客される方が多いと思いますが、私はSNS苦手なんですよね。だから、はじめからSNSはやらないって決めてました。SNSをしなくてもポートフォリオさえあれば、企業様の案件を獲得できる自信があるので、今後も多分しないですね」

このように営業未経験でフリーランスとして独立を果たしたシングルマザーのM・Mさんですが、**今では目標であった月商100万円を達成**でき、その後も何ヶ月もずっと継続できたそうです。

そして、最も良かったのは14年間以上ずっと思い描いていた、学校から帰宅したお子様を出迎えて「**おかえりなさい**」と言えたこと。

子供が休みの日はこれまで一度もできなかった、ずっと側にいながら好きなドラマやアニメを一緒に観て楽しむという幸せな日常を実現できたのでした。

Web Designer's Story②

不況で仕事がなくなったのをきっかけに未経験からデザインを学び、卒業後はフリーランスとしてデビュー！　元会社員O・Sさん

もともとはプロのカメラマンとして会社に勤めていたO・Sさん。全世界を襲ったウイルスの影響により、勤めていた会社の仕事が激減し、敢えなく退職することに。結婚も考えていた当時の彼女にも「ごめん、収入が不安定だからすぐには結婚できない……」と悔しい思いを抱えながら、悶々とする日々を送っていました。

とにかく「職を探さないといけない」と焦りながらも、なかなか条件に合う仕事がなく途方にくれることもありました。

そんな中、動画サイトで偶然見つけたランディングページのデザイン制作の実演動画。

「こんなに早くクオリティが高いデザインを作れるなんて……」目が釘付けになりながらも、気がつくと何十本も動画を見続けていました。

これまで本格的にデザインなんてしたことなかったし、illustratorなんか使ったことなかったけど、この動画で見せるデザインがスゴイことだけは、素人の自分でも分かりました。

自分の中から興味が溢れてきて、この動画を配信している人は一体誰なのかを調べるとすぐに素性が分かりました。

その人はオンラインでデザイン講座をしていることが分かり、さらに詳しく調べると、なんと自分と同じようなillustratorを使ったことがないデザイン未経験の方が、卒業後にはフリーランスとしてしっかり活躍している人が何人もいたんです。

「もしかしたら、自分も同じようにフリーランスとして活躍できるかもしれない」

そんな思いがO・Sさんにも込み上げてきたのです。

「だけど、illustratorなんか使ったことないしな……」

「センスにも自信がないし……」

「本当に未経験からフリーランスとして収入を得ることなんてできるのかな……」

様々なネガティブな不安が頭をよぎりましたが、ここは自分の直感を信じようと受講を決意しました。

そこから8週間という短い期間で卒業し、すぐにフリーランスとして活動した結果、卒業からわずか9日で初案件を獲得し、その後すぐに別のクライアントからの依頼を受けて一気に3社と契約することになったのです。

しかし、なぜ、業界未経験の自分にこうも立て続けに依頼が来るのかを疑問に思い、クライアントに聞いてみると、声を合わせるかのようにして「ポートフォリオのデザインサンプルが素晴らしい」「ポートフォリオのようなデザインがほしい」ということでした。

引っ越し、結婚、そして新しい家族の誕生

フリーランスとしてすぐに活動して、立て続けに仕事を獲得し、何度もクライアントからリピートされ続け、なんとその3ヶ月後には月商100万円を達成できました。

長らく会社勤めをしていたO・Sさんですが、フリーランスとして活動した後の一番の変化は何なのか?

O・Sさんは、このように言います。

「もともと東京に住んでいましたが、どうも都会のゴチャゴチャした場所が前から苦手だなと思っていて、デザインの仕事ならパソコンとネットがあればどこでもできるんじゃないかということで、思い切って都心を離れることを決意しました。パソコンとネットさえあればと、思い切って神奈川の田舎のほうに引っ越すことにしました」

「引っ越した当初は、『都心じゃないから仕事に影響するかも』と心配していましたが、実際にはまったく影響はありませんでした。以前と変わりなくフリーランスとして仕事ができています。Ｗｅｂデザインはオンラインで完結することが多く、どこかに行って打ち合わせすることなんかも滅多にありません。チャットだけで終わることも多々あります」

「もちろん、仕事が重なりハードに過ごすこともあります。毎朝起きたら、その日の案件をチェックして、その後は時間も忘れて黙々とパソコンに向かってデザインを制作していきます。クライアントと出会うためにオンラインの勉強会にも時々参加するなどアンテナを張っています。後は以前と変わりなく、ひたすらＷｅｂデザインに没頭する日々を送ります」

「会社を退職し、無職となっていた時に『絶対この状況を変えてやる』と心から思い、紙にこんなメモを残しました。『**来年、月に100万円を稼ぐ**』」

この時、O・Sさんは仕事のあてもなく、先行きもままならない不確定な状況であったのは間違いありません。ですが、自分の可能性を信じてガムシャラに突き進んで、ついに目標を掴めたのです。

しっかりと収入の柱を確立でき、念願だった彼女との結婚も果たし、翌年には新しい家族が増えたのでした。

一家の大黒柱となったO・Sさんの今の幸せは、「息抜きに家族と近所の湘南の海でBBQすること」と言います。

Web Designer's Story③

illustrator未経験からスタート。卒業後に単価1000円だったのが30万円に大幅アップ！ 月商95万円を達成した元ネットショップ店長Aさん

数年前からネットショップの店長としてお仕事をしていたAさん。仕入れから販売までを手がけ毎日忙しい日々を送っていました。

ネットショップの仕事で特に重要な仕事は、商品を売ることです。どれだけ良い商品であっても、売れないとビジネスとして存続できないためです。

ネットショップを運営する人は、日々どうやったらもっと売れるだろうかと心底頭を悩ませます。時には競合となるショップの販売ページを見たり、実際に購入してみたりなど、とにかく悩みに悩みます。

そしてショップで売るためには、商品を購入する際にユーザーが目にする販売ページ、つまりランディングページが重要になります。

Aさんも、ほかのショップを運営する人たちと同様に、販売ページの内容を考えて、悩みながら作っていました。

販売ページを作成するにあたり、まずは無料のグラフィックソフトを使って試行錯誤を繰り返します。

ですが「どれだけ頑張っても、あまり売れない……」と悩み、ほかの競合の販売ページを見ると「どうやってこんなデザインを作れるんだろう……」と疑問ばかりが積もっていきます。

「もう限界……」と、自分の今のスキルではどうにもできないと感じていた中、同じネットショップの業界でカリスマ的存在と呼ばれる販売者に会うことがありました。

そのカリスマ的販売者はどれくらいすごいかというと、小さなネットショップを立ち上げてわずか数年で年商10億を超えるほどの売上を作った実力の持ち主です。

個人規模のネットショップ業界では知らない人はいないと囁かれる程です。

Aさんは、そのようなカリスマ販売者にあるセミナーでお会いして、思い切って聞いてみました。

「どうやったら売れる販売ページを作れますか?」すると、すぐにこう答えられました。

「独学では無理です。本気で売れる販売ページを作りたいなら、ここで学んでください」そこで紹介されたのが『セールスデザイン講座』でした。

驚くことに、実はこのカリスマ販売者もこの講座の卒業生だったのです。

●illustratorの使い方すら分からなかったが……

そのような背景があり、Aさんは迷わず受講を決意したのです。当初は、illustratorの立ち上げ方も分からず、テキストを入力することさえ覚束ない状態です。ですが「絶対に売れる販売ページを作れるようになる！」と覚悟を決めて8週間を走り抜けました。講座は非常にハードな内容でしたが、見事に卒業できました。

卒業後は、より多くの売れる販売ページを手がけたいという思いでフリーランスのWebデザイナーとして活動することにしました。

業界未経験からのスタートだったので、「本当に生活できるのか」と不安が頭をよぎります。手始めに仕事を募集したところ、**人生はじめての案件を1000円で獲得**することができました。

初案件獲得に心をはずませていると、なんと、納品後すぐに追加のリピート依頼がやってきました。そのリピートの依頼金額は5万円で、びっくりしたそうです。

その後も繰り返し、同じクライアントから何度もリピート依頼がやってきて、**今では1案件30万円で受注**をしています。

Aさんがクライアントとしているのは、主にネットショップの販売者です。その方たちの販売ページを専門に制作の依頼を受けています。

ネットショップは1つの商品だけを販売しているわけではなく、複数の商品を展開していて、その商品の数だけ販売ページが必要となります。そのため、ネットショップからの依頼が毎月絶え間なく発生しています。

しかも、Aさんの結果はそれだけにとどまりません。立て続けにネットショップの販売者から紹介の連鎖が続き、**瞬く間に7社の企業**から制作の依頼が舞い込み続けたのです。

卒業してまだ日は浅いですが、すでに**月商は100万円**を超えています。

もちろん、その分多忙な日々を送りますが、毎日様々な販売ページを直接手がけられご自身にもどんどんノウハウが溜まり、デザインスキルもレベルアップしているので今の仕事のスタイルにとても満足しています。

そんなAさんには1つ趣味があります。それは、世界中を渡り歩いて、自分の目で世界の様々なものを見て体験していくことです。

卒業後には、ネットショップの仕事も兼ねてドイツに旅立ちました。

ドイツでは展示会に行くかたわら、街を観光したり、ショッピングを楽しみながら、ネットが繋がる場所でデザインの仕事をするという、場所に囚われずに趣味を満喫しながら、自由に仕事ができるようになったのです。

Web Designer's Story④

独学のデザインで自信がまったくない……と悩んでいたのがウソのよう。大人気デザイナーに変貌した主婦K・Sさん

数年前からとある女性経営者のビジネスのお手伝いをしていた主婦のK・Sさん。主な仕事は、Excel《エクセル》やWord《ワード》を使ってオンラインで事務仕事をサポートするというもの。

時には「動画の編集とかできる?」「SNSの画像を作ってくれる?」と事務以外の様々

な仕事も依頼されて、ただ言われるがままにお手伝いをするというものです。いわゆる「何でも屋」というスタンスです。

まだお子様が幼く、常に付きっきりでいないといけないため、パートに出かけることもできず、悩んだ末に在宅でできる仕事を探して、オンラインでお仕事をサポートするというスタイルに辿り着いたのです。

以下は、K・Sさんに語っていただいた最初の案件を受注するまでの経緯です。

ある日、お客様に「集客用のランディングページを作れますか？」と言われました。

「作ったことはないけど、見よう見まねで良ければご協力します」

そう返事をして、人生初のランディングページに取り掛かります。ですが、当然、クオリティが低くお客様も満足しなければ、納得もしないというものです。

また、この時の在宅ワークのスタイルは時給制でしたので、どれだけ頑張っても収入は同じで、月に15万円を超えることは不可能という状況でした。

ただ唯一、楽しいと思ったことが、**デザインを考えて作っている時**でした。

大学は建築学科だったので、これまでビジネス用のデザインなんて学んだこともないし、

illustratorも実務で触ることなんてありませんでした。

ですが、この時々依頼されるデザインの仕事には、なぜか夢中になって取り組んでいる自分がいたのです。

「あ、もしかして、私はデザインを考えたり、作るのが好きなのかもしれない」

そんな思いが徐々に強くなってきた中、またもお客様からデザインの依頼がやってきます。

しかし、夢中になって作りつつも、当たり前のようにダメ出しがあり、いつまで経っても自分のデザインに自信が持てずにいました。

いろんな参考書を読んだり、動画を見て学んだりしたけど、結果は同じ。

どうすれば自信を持ってデザインを提案できるようになるかを模索していた時、動画サイトで売れるデザインの制作動画を偶然、見つけました。

「こんなデザインが集客を成功させる」

そんなメッセージが自分の中のニーズとピッタリ一致して迷わず講座に飛び込んだのです。

講座は、ほとんど未経験のような状態からのスタートでしたが、デザイン制作はやはり自分に合っていたのか、内容はハードですが楽しいと強く感じる自分がいます。

ポートフォリオが信頼の証

卒業した後は、本格的にデザインの仕事をしたいと思い、様々な勉強会やセミナーに参加しました。

そこで出会った経営者の方から「ランディングページのデザインを作れる人はいないか」と、偶然そんな話が浮かび上がりました。

思わず挙手すると「どんなデザインが作れるのですか」という流れになります。

これまでのデザインの実績というと、講座で作った課題しか見せられるものはありません。ですが、その課題で作った作品をまとめたポートフォリオを見せると、すぐに案件の依頼に繋がります。

そのようにポートフォリオを使って、ひと月たらずの間だけ営業をしてみると、翌月にはなんと20件ほどの案件の依頼でスケジュールがびっしり埋まってしまいました。

あまりにも毎月リピートしてくださるので、心配のあまりお客様に「本当に私に依頼して大丈夫ですか?」と言ったのを覚えています。

そうすると、次の言葉が返ってきました。

「**ポートフォリオのサンプル。あれだけ作れていれば大丈夫ですよ**」とあっさり。

私の心配をよそに、依頼前からすでにクライアントからの信頼は十分得ていたようでした。

念願の月商30万円、50万円、100万円も見事達成していき、もはやそこには以前の**デザインに自信がないK・Sさんの姿はありません**。

それからも案件は途切れることはなく、今やK・Sさんはデザイン制作を武器にビジネスの売上アップに必要なマーケティング戦略まで立案し、それを実際に作り上げるという経営者顔負けのポジションでお仕事をしています。

また、個人でのデザイン制作だけにとどまらず、その後は会社を設立して何人ものビジネスパートナーと一緒に業務を続けていくのでした。

Web Designer's Story⑤

大学卒業後、新卒採用を捨ててフリーランスの道を選び、法人を設立！I・Mさん

I・Mさんとはじめて出会ったのは、I・Mさんがまだ大学4年生の頃でした。在校中からビジネスに興味を持っていて、今のうちにいろんなスキルを身に付けたいと強く思っていたとのこと。

私が感じた第一印象は、「**ちょっと異質な人**」でした。

これまで多くの経営者と実際に仕事をしてきたので、はっきり分かりますがI・Mさんは典型的な経営者思考です。しかも、大学生といういろんな誘惑がある時期から、すでにビジネスの世界に目を向けているのですから、なおさらです。

そんなI・Mさん曰く、「これから自分が進む道を歩む上で、『セールスデザイン講座』で習得するスキルはなくてはならない！」といって受講を決意しました。

いよいよ大学の卒業がせまり、卒論とデザインの課題を両方こなし奮闘する日々を毎日繰り返していました。大学卒業の日が近づく中、I・Mさんは驚きの決断をしました。それは「新卒採用の札を捨ててフリーランスを選ぶ」というものです。

I・Mさんの年齢はまだ22歳。これからしっかり企業で働き、いろんな知識や技術、礼儀などの社会人としてのスキルを仕事を通して身に付ける年齢です。

もっと言うと、社会人としての経験値はフリーランスでも間違いなく必要とされるものです。フリーランスはそれからでも全然遅くはありません。

ですので私も当然、そのように伝えましたがすでに覚悟は決まっているようでした。

さらに言うと、デザインの仕事も当然未経験です。営業経験もありません。白紙の状態から大学卒業と同時にフリーランスとして、スタートを切ることになったのです。

するとどうなったかというと、あるベストセラー作家として活躍する有名経営者と縁を作ることができ、その人からランディングページの案件を受けて、その仕事が大絶賛されました。それから、たちまち案件が殺到する人気デザイナーとして活躍するに至るのです。

当時の状況は、まさに引っ張りだこ状態です。

何がきっかけでそのような状態になったのかというと、それはI・Mさんの仕事の姿勢だと思います。

私は時折、まわりの経営者から声を聞くのですが、偶然にもその経営者の何人かがI・Mさんにランディングページの依頼をしていました。

そのすべての人が声を揃えてこういいます。

「I・Mさんってデザイナーさんって講座の卒業生なのですか？　めちゃくちゃレベルが高くて驚いています！」

「ほかにももっと紹介したい人がいるんですが、取られそうで怖いです」

「ランディングページは、I・Mさんがいれば大丈夫！」

「今までのデザイナーと比べてもクオリティとスピードが段違いです！」などなど。

全員がそういうのですから、驚きです。

I・Mさんは、デザインの仕事への情熱で未経験というハンデをものともしない評価を勝ち得たのです。

●頭の中は常に不安でいっぱい

そんな覚悟と決断力と情熱を兼ね備えた若きビジネスマンも、はじめからずっと順調だったわけではありません。

「本当に自分はＷｅｂデザイナーとして仕事をしていけるのか」と常に頭の中は不安でいっぱいだったそうです。

当然です。デザイン業界未経験な上に、社会人経験もほとんどない状態なのですから、Ｉ・Ｍさんが抱えていた不安は想像を絶するものといえるでしょう。

時にはご両親にその不安をぶちまけたりもしました。**「生活していけなくなったらどうしよう……」「将来のことを考えると不安になる……」**などと実際に何度も打ち明けていたとのことです。

ご両親がＩ・Ｍさんを信じて、見守ってくださったおかげというのもあり、Ｗｅｂデザインの第一線で活動を続けていくこととなりました。

そんなＩ・Ｍさんは、その後も順調にクライアントが広がり、高単価案件を続々獲得していき、フリーランスとして独立したその年に法人を設立するに至ります。

まったくの未経験からスタートして、フリーランスとして独立し、その年に法人化をしたのですから、やはり「ちょっと異質な人」ではないでしょうか。

そして、法人化後もさらに経営者をデザインでサポートし続けることで、I・Mさんの会社は月商を更新し、**毎月80万円・90万円・120万円**と売上を伸ばしていくのでした。

そんなI・Mさん、さらなる目標を掲げ、このように言います。

「まずは、今のビジネスをさらに拡大するためにチーム化を目指します。チームで動いて、より多くのWebデザインを企業に提供できるようにしていきます。ほかにも今後はスクール事業やコンサルティングビジネスにも挑戦します。また、書籍を出版して世の中にもっと貢献することもしたいし、事業を作って、売却をするということも経験していきたいです。何より同世代の中で突出した結果を必ず叩き出していきます！」

情熱に満ち溢れたI・Mさん。これを見てもやはり「ちょっと異質な人」という私の第一印象は間違っていなかったと言えるでしょう。これまで数多くの経営者を見てきましたが、I・Mさんは結果を叩き出す典型的な素質を持つタイプだと思います。

第11章

さらに幸せになるために

健康が一番大事！　ストレスを吹き飛ばして健康に在宅ワークをする方法

　ここからはＷｅｂデザインの仕事をこれからも心身ともに健康に長く続けていく上で、非常に大事なことについてお伝えしていきます。

　この内容は私の人生を根底から変えるほどインパクトのある体験談です。その背景を知ってもらうために、まずは私自身のストーリーについてお話します。

　私はこれまで長くデザイン業界に身を起き、猛烈に仕事をしてきました。

　おそらく、ほかの人が自分と同じ経験をするならば、何割かの人は本当に命を落としてしまうぐらいハードに仕事をしてきたと自負しています。

　実際に、これまで3回ほど過労とストレスなどが原因で倒れ、そのたびに救急車で運ばれて、入退院を繰り返してきました。

　ある時は40度を超える熱が10日以上続き、その時の睡眠時間は毎日2～3時間ほどで、食事もまともに取る時間がないほど仕事に忙殺されていました。そんな多忙に働いている中、ふと気を抜いたら目の前が真っ白になり、気がつくと病院のベッドに横たわっていました。

意識が朦朧《もうろう》とする中、医者から突然「これから緊急手術を始めます」とだけ伝えられました。病院は家族を呼んで承諾書にサインをしてもらい手術が始まりました。

手術は半身麻酔だったため、意識はかろうじてある状態です。しかし、なぜなのか麻酔があまり効いていないのか、あえてそのような麻酔だったのかは分かりませんが、お腹を割いてメスを入れるたび、とんでもない激痛が走るのです。そのたびに朦朧としていた意識が鮮明になっていきます。

「この激痛はいつまで続くのか……」と、体感的には何時間も激痛に耐え続けたような感覚でした。

幸い一命を取り留めたが……

緊急手術のおかげで、幸いにも一命を取り留めることになりました。

術後には医者から「あと少し手術が遅れると危なかった」とそのようなことを家族に告

げられたそうです。

その後、数週間入院して仕事に復帰しましたが、独身の身であることと、若さなのか懲りずにまた仕事に忙殺されることを繰り返します。


次は、結婚してWebデザイナーとして独立してから数年のこと。

マンパワーで大量の案件を抱え毎日早朝から深夜まで、まったく休む間もなく仕事をし続けていたある日。

その日も深夜に仕事が終わり、帰宅しようとして椅子《いす》から立ち上がった瞬間、突然目の前が急激にグルグルと回り出したのです。

例えて言うと、ものすごく度数の高いお酒を大量に飲んだ後に襲われる、急性アルコール中毒のような急激な目眩《めまい》です。


20代の頃に一度だけ若気の至りで、限界をはるかに超えてお酒を飲んだことがあり、その時は急激に目が回り嘔吐し倒れたのですが、この時はそれ以上のものです。

お酒を飲まない方には分かりにくいですが、とにかく目の前が急激にグルグル延々と回り続けます。

目を瞑《つぶ》っていても目が回るそれは、これまで体験したことのない非常に奇妙で何ともいいようのない苦痛の連続です。

その場に立っていられず、崩れ落ちるように倒れて、床に激しく嘔吐しました。胃が空っぽになるまで吐いたのにも関わらず、目が回りすぎて嘔吐が止まらないのです。倒れて床にうずくまり嘔吐を繰り返している間、夜中にも関わらず数十分おきにずっと電話が掛かってくるのです。おそらく妻があまりにも帰りが遅いため、心配しているのでしょう。

ですが立ち上がることができなく、デスクの上の携帯に手を伸ばすことすらできません。その間、ずっと事務所には着信の音が延々と鳴り響いていました。その状態が夜が明ける朝方まで続きます。

ようやくデスクに覆い被さるようにして、携帯に手を伸ばすことができました。妻に電話すると早朝にも関わらず、すぐに電話に出てくれて「大丈夫！？今どこにいるの？」と心配してくれました。

失意のどん底に突き落とされたメニエール病

蚊の鳴くような弱々しい声で事情を話すと、幼い子供を抱えながら事務所に迎えにきてくれて、すぐ救急病院へと駆け込みました。

医者からは、「重度のメニエール病」と診断されることになり、後に自分で調べてみると、この病気は難病指定されていて、はっきりとした治療法がないことを知りました。

1週間ほど完全に仕事をストップさせて休養をとることにしたのですが、その後、少し回復したため仕事を再開すると、すぐにまたメニエール病が再発します。一度メニエール病が再発すると、もはや仕事どころではありません。

私が患ったメニエール病は特に重度だったため、ずっと寝たきりで数時間ごとに起きては、地べたを這いずるようにトイレに向かい、何度も嘔吐します。もちろん食事もほとんど食べることができない状態です。

目を瞑り横になっていても目が回り続けているので、たった数時間の睡眠さえままならない状態です。

それを数週間ずっと繰り返していると、いつしか体も痩せ細り、頬も痩け、神経もどんどんすり減り、一気に失意のどん底に落ちてしまいました。

「もう仕事はできないかもしれない」

「家族を路頭に迷わせることになる」

そんなふうに思いながら、まだ幼い長男と生まれて間もない次男の寝顔を見ると**涙が止まらなくなるのです**。

この時のことは、今思い出しても胸がぎゅっと締め付けられるような感覚になります。

家族のことを想うと、居ても立ってもいられず「なんとか治療したい、家族を守りたい」という思いでメニエール病を治してくれる病院を転々としていました。

しかし、どの病院に行っても大量の薬を処方されるだけで、飲んでも症状が治ることはありませんでした。

最後には、もうここしかないというぐらい大きな病院で診療してもらうことになるのですが、ここでもまたはっきりとした治療法がないとのことで、結果、数万円にもなる大量の薬を処方されます。

人生を変えるきっかけ

2つの大きな茶色の紙袋に、これでもかとぎゅうぎゅうに詰め込まれた薬を両手に持ちながら、病院の近くにある公園のベンチに腰掛けました。

雪の降る2月の寒い時期に、ただただ俯いて座っていました。

どれくらい時間が経ったか分かりませんが、この時は本当に心が完全に折れているのがはっきりと理解できました。

心の底では「病気を治したい」と、そんな願望がかろうじてあったのか、おもむろに茶色い紙袋に手を伸ばし、ゼリー状の長細い薬を何も考えずにゴクリと一口飲み込みます。

すると、すぐに頭がぼうっとしてくるのです。

その時です。

今でも理由はまったく分からないのですが、何を思ったのか突然、大量の薬が入った紙袋を公園のゴミ箱に全部投げ捨てました。

それから、フラフラになりながらも事務所に戻り仕事をした深夜24時のこと。なぜだか急に「**走らなくてはいけない**」と思い立ち、1時間半もの間、事務所の近くの公園を無心で走り続けたのでした。

その後、帰宅して午前3時頃就寝します。わずか数時間後に目を覚まし、その日も早朝から仕事をして、深夜24時には昨日と同じように**無心で1時間半走り続けました**。そして、翌日も、そのまた翌日も、さらに翌日もずっと睡眠時間を削りながらも、ひたすら無心で走り続けました。

そうすると、驚くことにこれまで1週間ごとに、ことごとく再発していた、あの忌まわしいメニエール病がウソのように**ピタリと影を潜めた**のです。

メニエール病の再発が止んだその日を境に、その後も取り憑かれたように毎日走り続けました。

走ることで心の底からほしかった健康な体が手に入った

再発を繰り返した日から約半年間、距離にして10～15ｋｍほど、毎日夜中の公園を走り続けましたが、たったの一度も再発することがなくなりました。

この体験は、失意のどん底に沈んでいた私にとって、一切の誇張なく人生を根底から覆した最高の驚愕体験となったのです。

走れば走るほど、心も体もどんどん正常になっていくのを体感していきます。ネガティブに汚染されていた思考でさえも、いつの間にか自然に物事を良いほうへとポジティブに捉えられるようにもなり、何かに挑戦したい気持ちもフツフツと湧くのです。

仕事にもこれまで以上に熱心に取り組めるようになり、ビジネスの業績もこの時から格段に上がり、一気に成長を続けるようになっていくのでした。

振り返ってみると、**間違いなくこの体験こそが自分の人生のターニングポイント**だったと確信しています。

あれから何年も経ちますが、いまだにずっと走り続けています。今では走るだけに止まらず、筋トレやその他の肉体を駆使するトレーニングも毎日欠かさず積極的に続けています。

人間ですから気分が落ち込む日もありますが、そのたびに走り続けて、常に強いパッションを持ち続けることができるようになったのです。

もし、ランニングや筋トレなどのフィジカルトレーニングができないとなると、それは恐怖でしかありません。それほどまでに私の人生では重要度を占めるのです。

ここまでお伝えしてきたように、心と体の健康は何物にも変えがたい貴重な財産です。いつまでも元気に働くためには、心も体も健康でい続けることが本当に大事です。

健康なうちは、なかなかその恩恵に気付くことは難しいのですが、耐えがたい病気にかかった人なら誰でも理解できます。ぜひあなたには健康でい続けてほしいと心から願います。

思考をポジティブにして人生を好転させる「ゆるラン」

ここからは私が実践する、心と体をすこぶる健康にし、さらにネガティブ思考を気持ち良いくらいポジティブ思考に切り替える「ゆるラン」についてお伝えします。

失望の淵から蘇らせてくれた「ゆるラン」を習慣化することで、間違いなく人生をよりポジティブにして、あなたにとって最高の道へと進むことができると確信していますのでぜひトライしてください。

ゆるランは、再発を繰り返した病気を完全に断ち切ることができたきっかけとなるもの。これは、私の人生で生涯続けることを固く決意した至高のメニューです。

ゆるランは、「ゆるくランニング」を略したものです。その名の通り、ゆるランはゆっくりと、ゆるくただ走るだけです。

ゼイゼイと息切れもしないように、早歩きよりも少し早い程度でゆっくり走ります。一定の呼吸のリズムではじめは20〜30分程度を目安に走ります。

ゆっくり走るとはいえ、はじめは10分走るだけでも「長いな」「辛いな」と感じてしまうかもしれませんが、実はこのゆるラン、走りながら**あること**をするのです。

それを同時にすることで、走る時間の長さが苦ではなくなり、むしろもっと長く走りたいと思えるようになるのです。


同時に何をするかというと、ズバリ**自己洗脳**です。少し怪しいニュアンスがしますが、全然そのようなことはありません。

ただ単に、ゆるランをしながら**自分が達成したい目標を繰り返しぶつぶつ呟いたり、頭の中で達成したい目標を繰り返しイメージする**だけです。

これは**NBAの一流アスリートも実践する超強力な目標達成法**の一種です。


私は毎朝ほとんど欠かさずこれを実践していますが、とても効果を感じています。どれほどかというと、ほんとは誰にも言いたくないぐらいのものです。

具体的に何がすごいかというと、ゆるランをしながら達成したい目標を頭に刷り込んでいくと、次第にその目標までの具体的な道のりや手順がイメージでき、**現実で達成できてくる**というものです。

はじめのうちはうっすら思い浮かべる程度ですが、それを何度も何度も繰り返していくと、より輪郭が分かるようになり、次第にはっきりと目標までの歩むべき道が見えてくるようなイメージです。

目標までの道のりがはっきりと明確にイメージできたその後も、何度も何度も繰り返していくと、ついには頭の中で目標を達成するイメージまで仕上がっていくのです。

自然にそのようになるのではなく、意識して目標達成へのイメージをすることです。

目標がはっきり明確にイメージできたら、次は今の自分の現在地点から目標までの到達を意識してイメージを思い浮かべます。

この時のコツは、より鮮明に思い描くことです。例えば、次のような感情や情景などの解像度を上げることです。

- 目標を達成した時の自分の感情はどうなっているか。
- 喜んでいるのであれば、どのように喜んでいるのか。
- 感動しているのであれば、どのように感動しているのか。
- 自分以外の人は自分に対して、何を言ってくれるのか。

・目標を達成したら自分はどこの場所で何をしているのか。

さらに、目標達成への過程も解像度を上げていきます。

・目標達成までの過程では何をしているのか。
・どのような壁を乗り越えてきたのか。
・壁を乗り越えた時の感情は、どのようなものなのか。
・壁を乗り越えた時の自分は、どれくらい成長できたのか。
・誰に出会い、どのように協力して乗り越えたのか。

などをとにかくイメージがはっきりと見えるぐらいまで解像度を上げていくことがポイントです。

はっきりとイメージできるようになったら、一体何が起こるかというと今の自分の感情がそのまま引っ張られて、喜んだり、感動したり、一気にポジティブに切り替わります。

そして、ここからが本領発揮です。

これまではゆるランの中で目標までの道のりを明確にして、その道のりを歩み、目標を達成するというのを繰り返していたのです。次は実際に行動に移す際にすごい効果として現実に現れます。

何が言いたいかというと、実際に行動に移す際でさえも**頭の中でイメージしていた通りの道のりを歩んでいくことができていく**のです。

はじめて挑戦することでさえも、頭の中で何度も繰り返し行動し、目標を達成してきているので、あたかも当然できるような、当たり前の感覚を持ちながら行動に移すことができます。

毎日のゆるランで何度も何度も繰り返してきた目標達成への行動。

実際にはそれは、仕事でも、プライベートでも何でも良いですが、今までやったこともないことです。ですが、自分の頭の中に当たり前にできるような感覚があると、**とてつもないスピード感で実行できる**ようになるのです。

不安や恐怖に惑わされず、追い風にビューーッと吹かれながら一直線で突き進んでいく感覚になるのです。

まわりがどう思っているか分かりませんが、私自身は根っからの臆病者で何かを始める時、最初の一歩を踏み出す勇気がなかなか出ない人間です。

でも、やる以外の選択肢がない場合にもゆるランは効果を発揮するのです。

思考がネガティブな状態で行動に移ってしまうと、ネガティブな行動を繰り返すことになり、それはそのままネガティブな結果を生み出しかねません。

私はそうならないよう、あらかじめ何度も練習や模擬戦などを繰り返してから取り組みたいと強く思い、偶然そのような習慣が身に付いていました。

なぜ、ランニングが良いのか？

ただ単にポジティブ思考を繰り返すのであれば、別に椅子に座ってでもできますし、静かな場所であればどこでもできます。

そうではなく、**ランニングしながらというのが重要**なのです。

私は病気を治してくれたランニングが、一切誇張することなく人生を最善の方向に切り替える最高の手段の1つだと体感しています。

そのため、なぜこんなにもランニングが体の健康にはもちろん、心や思考にも最高に良い影響を与えるのか不思議で仕方なく、様々な書籍を手当たり次第読み漁り、ランニングが体や心、思考に良い影響を与える確かなエビデンスを山ほど知ることができました。

難しいことは省きますが、大事な要点だけをお伝えしたいと思います。

私が様々な知識を吸収し、何年も実践を重ね、それを体感してはっきりと感じたランニングの**最大の恩恵は血流の好循環**です。

ランニングをすると足先から手の指先、そして内臓まで体中の血流が一気に循環していきます。これまで動きの遅かった血流や停滞していた血流がどんどん循環していくのです。

そして、ランニング時は脳に対しても当然、血流が循環しています。

そしてランニング中は脳の血流が良くなることで、思考力が活性化していることがポイントです。

私たちの体はあらゆる機能を果たす役割があります。

目は物などを視野に捉える役割、手は掴んだり離したりする役割、足は移動する役割、内臓は消化や吸収する役割、そして脳は思考する役割です。

そう、体の中で**脳だけが思考を決める役割を担う**のです。

物事の良し悪しを判断したり、どのような行動を起こすかを決めたり、自分自身の価値観を決めるなどすべての原点となる思考のすべてを、脳だけが担うのです。

思考はそのまま行動にも影響を与えます。

そして、行動は結果を生み出します。

つまり思考がすべての始まりで、**行動も結果も思考次第ですべて変わる**ということです。

ゆるランで脳の血流が循環している状態だと、思考力が上昇し、目標達成への具体的な道筋が思い描きやすくなります。同時にポジティブな思考になるため、ポジティブな感情がフツフツと湧いてくるようにもなります。

次々と解決策を思い描くことができたり、効率的な施策を考えたり、目標達成に必要なものを思い付いたりなどです。

実際に私が何か新しい企画を考えたりする際は、毎回どんな時も必ずゆるラン中に考えます。

大枠の企画の設計図をゆるラン中に思い描き、だいたいの結果を予測したりします。その後、机に向かい、ノートを広げてゆるランで思い描いた全体像の詳細をペンで書きまとめあげます。今読んでいる、この本もすべてゆるランからスタートしたのです。

脳の血流を循環させて、思考力が上がっている**ポテンシャルを発揮できる状態を意図的に作れる**ということです。

逆にいうと脳の血流が良くない時は上手く活動してなく、思考力も弱々しいものになります。思考力が弱くなると、効率の良いことを考えたり、ポジティブなイメージもしにくいのです。

私と同じで悩み癖がある人や、何かを始める際に不安や恐怖が先立って一歩を踏み出せない人にこそ実践してほしいのがゆるランです。

そんな方には一度次のことを実験してみると、ここまでお伝えしたことが理解できることがあります。

それは**ゆるランをしながらネガティブなことを思い描いて、不安や恐怖を感じてみること**です。

何もしてない状態で、強い強迫観念がある時は、一度でも不安や恐怖が頭の中に蔓延ると、それをいつまでもずっと引き摺ってしまい、ストレスで頭がおかしくなりそうになります。

ですが、ゆるランをしながらだと、意識的に物事が悪くなるようにネガティブに考えたり、不安や恐怖を感じるように頑張って思考しても、そもそもネガティブになれず、**不安や恐怖を感じにくい**のです。

人は思考次第でポジティブにもネガティブにも簡単に感情が切り替わります。ランニングしている時はネガティブ思考で感じる負の感情が強制的に遮断されてしまうような感覚になるのです。

ビジネスをしていると避けては通れない、様々なネガティブな状況に陥ることがあります。

それはストレスという、心と体を蝕む病気の原因となります。

それがあるせいで、本来のポテンシャルを発揮できないことも普通に起こります。

ゆるランはそのようなストレスを根こそぎ刈り取ってくれて、さらに目標を実現するための道筋を明らかにしたり、目標のための行動への後押しにも大きく貢献します。

目標を実現したい人は、ぜひゆるランを日々の習慣にすることを心からオススメします。

おわりに

大きく稼ぐデザイナーになるには、知識とスキルが大事。
ここまでお伝えしてきた内容は、おうちＷｅｂデザイナーとして、これから大きく稼ぐためにとても重要な必要な知識となります。

人脈もコネもなく、さらに営業経験もない私がフリーランスのＷｅｂデザイナーとして独立を果たした後、月商１００万円を早々に達成し、その後も年商１０００万円、２０００万円、３０００万円と次々達成する中で得てきた知恵の集大成ともいえます。

私がフリーランスとしてスタートを切った時に、まさにこれを知りたかったという内容を盛り込んでいます。
まだＷｅｂデザイナーとして活動を始めていない方はもちろん、すでに仕事を始めている人にとっても、役立つ内容となっているでしょう。

知識はインプットして、それを実践することではじめてスキルへと昇華します。

少し知っている程度では、現実の仕事ではあまり役に立つことはありません。何度も繰り返し自分自身に刷り込み、そして実践を繰り返すことが重要です。

この本で書かれていることはすべて理解したと言えるほど繰り返し読んで、そして実践を重ねることをオススメします。

ビジネスから求められるセールスデザインスキルを習得するには

在宅ワークのWebデザイナーとして活躍するためには知識も重要ですが、Webデザインスキルそのものも当然必要です。

Webデザインスキルが飯の種ですので、それ自体をまずは習得することが大事です。

しかし、一般的にはフリーランスとして独立できるレベルになるには何年もかかって習得しないといけないと思われがちです。

実際に私もフリーランスとして独立をするまでは10年間デザイン会社で下積みをしました。その下積みがあるからこそできるのだと思われますが、実際は違います。

卒業生たちの活躍を見ると分かる通り、デザイン業界未経験の方やグラフィックソフトを触ったことがない方でもしっかりと活躍しています。

なぜ、そのような方でも活躍できるのかというと、それはクライアントが求めるデザインを提供しているからです。

クライアントが求めるデザインとは何かというと、それは自社の商品・サービスを販売するために必要な集客やセールスに特化したデザインです。

そしてクライアントがそれを求める理由は非常にシンプル。それは「売上・利益を増やしたい」。ただ、これだけです。

それを実現する価値を提供できるからこそ、未経験であってもキャリアに関係なく存分に活躍できるのです。

商品・サービスを売る時には、まず言葉（セールスコピー）が先にあります。

その言葉の魅力を伝えるのが**セールスデザインスキル**です。

毎年多くの新技術やソフトが販売されたり、新しいテクニックなどが流行りますが、このスキルは時代が変わっても決して廃れることはない普遍的なスキルです。

ビジネスは百年以上も前から広告を活用して商品・サービスを流通させていますが、これからさらに多くのビジネスが活用していきます。

セールスデザインスキルは、そのたびにビジネスから求められ続けていきます。

セールスデザインスキルはどれくらいの期間で習得できるのか？

これまで多くのデザイン未経験者や、自分のデザインに自信がなかった人が習得し、活躍のきっかけとなったセールスデザインスキルは一体どれくらいの期間で習得できるのでしょうか。

それは**わずか8週間で習得できます**。

もちろん、簡単に習得できるものではありません、本気の熱意が必要です。

自分自身が食っていく飯の種となるスキルなので非常にハードな内容です。

もし、興味があるなら「セールスデザイン講座」と検索してみてください。無料レッスンや、この本に記したようなことが学べる動画を実際に見ることができます。

最後になりますが、この本を出版するきっかけを作ってくださった株式会社スターダイバーの米津香保里様、株式会社オープンマインドの児島慎一様、編集を担当いただいた秀和システムの岩崎真史様、ＳＮＳで場を盛り上げてくれた受講生や卒業生、そして講師の皆様、その他関係者の皆様、本当にありがとうございます。

この本があなたのこれからのビジネス人生の役に立つことができれば、何より幸せです。

上野健二

■著者プロフィール

上野 健二（うえの けんじ）

株式会社セールスデザインラボ 代表取締役
セールスデザイン講座 代表講師

1981年、兵庫県神戸市生まれ。2002年よりデザインプロダクションにて上場企業のプロモーションの広告多数、国内最大のゴルフトーナメントのブランディングデザイン、その他、国際的アパレルブランドのバッグのデザインなど幅広くデザイン制作に携わる。

2012年、とあるビジネスセミナーに参加してスモールビジネスが求めるのは「売れる・反応アップするデザイン」と確信し、セールスデザインの考え方、具体的な制作法となる土台をゼロから作り上げセールスデザイナーとして独立。

独立後、セールスデザイナーとしてスモールビジネスの案件に携わり、数々の業績アップに貢献。2017年、セールスデザインスキルが広まるとスモールビジネスの業績が良くなるという思いの元にセールスデザイン講座を立ち上げる。その後、セールスデザイン講座を卒業後に、業界未経験にも関わらず瞬く間にスモールビジネスから仕事の依頼が殺到して、月収100万円を達成するWebデザイナーが続出。「ビジネスの業績を上げるデザインスキルが習得できる」という口コミが広がり、デザイン初心者から年商数億の経営者、コンサルタント、コピーライター、カウンセラー、整体師、サラリーマン、OL、主婦、現役のWebデザイナーなど、600名以上のプロのWebデザイナーの育成に携わる。

■セールスデザイン講座

URL https://salesdesign-school.jp/

注　意

(1) 本書は著者が独自に調査した結果を出版したものです。
(2) 本書は内容について万全を期して作成いたしましたが、万一、ご不審な点や誤り、記載漏れなどお気付きの点がありましたら、出版元まで書面にてご連絡ください。
(3) 本書の内容に関して運用した結果の影響については、上記(2)項にかかわらず責任を負いかねます。あらかじめご了承ください。
(4) 本書の全部または一部について、出版元から文書による承諾を得ずに複製することは禁じられています。
(5) 本書に記載されているホームページのアドレスなどは、予告なく変更されることがあります。
(6) 商標
本書に記載されている会社名、商品名などは一般に各社の商標または登録商標です。なお、本文中には©、®を明記しておりません。

知識《ちしき》・経験《けいけん》ゼロから年商《ねんしょう》500万円《まんえん》！
おうちWeb《ウェブ》デザイナーのすすめ

発行日　2024年　3月　9日　　第1版第1刷

著　者　上野《うえの》　健二《けんじ》

発行者　斉藤　和邦

発行所　株式会社　秀和システム
〒135-0016
東京都江東区東陽2-4-2　新宮ビル2F
Tel 03-6264-3105（販売）Fax 03-6264-3094

印刷所　日経印刷株式会社

ISBN978-4-7980-7172-5 C3055

定価はカバーに表示してあります。

乱丁本・落丁本はお取りかえいたします。

本書に関するご質問については、ご質問の内容と住所、氏名、電話番号を明記のうえ、当社編集部宛FAXまたは書面にてお送りください。お電話によるご質問は受け付けておりませんのであらかじめご了承ください。